イラストでわかる

買ってから・住んでから・買う前・住む前に
読んでおきたい基礎知識

マンションの「音のトラブル」を解決する本

一級建築士
日本大学名誉教授
井上勝夫

あさ出版

はじめに

私は建築物の音や振動に関する教育や研究にたずさわって45年余になります。

大学で学生を指導するかたわら、建物内で発生する音のメカニズムや対策技術、住む人の反応について、現地調査はもちろん、数多くの研究や調査、実験を行ってきました。また音に関する専門家として、20年余り公的団体等の専門的なアドバイザーを務めています。

音は、ひとたび気になり出すと耐えられなくなり、近隣住民との間で深刻なトラブルを引き起こしかねません。最近の例ですと、２０２０年5月に、足立区入谷（東京都）で音をめぐって殺人事件にまで発展したケースがあります。

アパートの一階に住む60代男性と息子が襲われたのです。30代の息子は死亡。60代の父親は頭をハンマーで殴られて重傷を負いました。

犯人は隣に住む60代の男です。殺された息子は幼い子どもと妻をつれ、ゴールデンウイークを利用して父親宅に遊びにきていたところを襲われました。犯人いわく

「隣の部屋がうるさく、我慢の限界だった」とのことですが、目の前で父親を殺された妻と子どもはどんな思いだったでしょうか。

また江戸川区葛西（東京都）の高齢者向けマンションでは、80代の男性が隣の部屋に住む60代男性を包丁で切りつけています。「生活音がうるさかった」ことを理由にあげていましたが、同じマンションに住む住人によると、被害者の男性がとくに気になる生活音を出している様子はなかったとのこと。

包丁で刺されるような騒音があったのか、真意は不明ですが、生活音がトリガーになったことは事実です。

いずれにせよ、住まいで発生する音は、ときには殺人事件までエスカレートしてしまうほど、切実で無視できない問題なのです。

また最近では、コロナによるリモートワークの増加で、在宅時間が長くなったために、騒音に関する苦情が増えています。音の問題は、これからますます注目されるに違いありません。

私はマンション生活を始めて40年になります。現在住んでいるマンションは私自身が「音の実体験」を得るために、上下に住戸があり、さらに両隣もある建物内の中間的位置（3階）にある住戸をあえて選んでいます。

郊外の閑静な場所に建つ大手ゼネコンの設計・建設の建物ですが、仕事柄、深夜に原稿や論文を書いているときなど、ほかの部屋から伝わってくる音が気になることがよくあります。

そんなとき、私は音の測定器を使って、どんな種類の音か、音の大きさは許容範囲を超えているかどうかなどを考えながら測定してみます。そして「今のはそれほどでもなかった」「今回のはちょっとうるさかったかな」「音源の種類や伝わり方はどうか」といった客観的な見方をするようにしています。

しかし、一般の方々は音について主観的に判断するしかできませんので、それぞれが置かれた立場や状況によって受け取り方がまったく異なります。そのため不確定な要素にふり回されるしかないのではないでしょうか。

それが人によっては、殺人事件にまでエスカレートしてしまったり、反対に、同じような音でもまったく問題なく良好な隣人関係をつくっていたり、といった180度異なる受け止め方をしているのだと思います。

私たちはマンションを選ぶとき、交通の便、間取りや部屋の向き、設備、立地、周辺環境など目に見える部分には注意を向けても、音に対する建物の性能の問題までシビアに検討する方は少ないと思います。

しかし、音の問題は住んでみないとわからず（結露の問題も同様ですが、本書ではふれません）、住み始めてみると、長期にわたる生活に深くかかわる大問題であるのです。おおげさにいえば、人生を左右する要素のひとつといっても言い過ぎではないかもしれません。

この本では、私の長年の調査や研究をベースに、マンションの音について性能や住まい方、対応策などについて専門知識を交えて紹介したいと思います。

マンションに住まわれている方はもちろん、これからマンションを買おうとされている方にもぜひ読んでいただきたいと願っています。

最終的に私がめざしているのは、マンションの価値の向上です。マンションの価値は、数字で表すことができる物理的なものだけではなく、住んでいる人たちの満足感の度合いによっても決められるのではないでしょうか。

そしてその満足感の度合いは、住んでいる人の意識や住まい方にかかっています。壁や床１枚をへだてて、まったく違う家族が同時に生活しているのがマンションです。お互いが協力しあって、邪魔にならない静けさを保つように努めないと、プライバシーの確保や快適な住空間は実現できません。

当然のことながら、コンクリートといえども、音をさえぎる能力には限界があります。ですから自分が住むマンションの性能を正確に認識し、それに見合った生活を送るようにしないと、お互いに心地よい居住空間をつくり出すのは難しいでしょう。

そのためには、音を出す頻度や大きさに気を配ること、すなわち性能に見合った、住まい方の工夫や最低限のルールが必要です。

ひとつの建物にたくさんの人が住むマンションの住まい方を理解し、お互いに快適な住空間が確保できるよう、最大限の努力をしていただきたいと思います。

そしてみなさんのマンションが満足度の高い、価値ある住戸になり、音に神経をすり減らさない快適な人生をつくり出せますよう、願ってやみません。本書がその手助けになれば、これほどうれしいことはありません。

なお本書は一般の方がわかるように、専門用語はできるだけやさしく書き換えてあります。また、専門的な観点からみると、物理的には説明不足だったり、条件不足だったりする箇所があるかもしれませんが、あくまで一般の方々にとって「わかりやすく」を優先しましたので、ご了承ください。

２０２１年１月

井上勝夫

第1章
マンションの音はなぜ気になるのか

第2章

音の正体を知る

第3章

どんな音が問題になる？

第4章

まずは加害者にならない

第5章

被害者になったらどうする？

第6章

管理組合の役員になったら?

第7章

リフォームするさいに気をつけること

第8章

買うときはここをチェック

本文イラスト　長縄キヌエ

第1章

マンションの音はなぜ気になるのか

この章では、最近問題になっている
マンションの騒音トラブルの事例を紹介する
とともに、日本における住宅建築の
変遷と音の関係について述べています。

悪魔が上に越してきた！

本論を始める前に身近な方の例を紹介させてください。

その知人は下町のある場所に、新築で３ＬＤＫのマンションを購入し、35年間平和に暮らしてきました。

そこで子どもを成人させ、マンションの人たちやご近所とも良好な人間関係を築き上げて、終《つい》の住まいとして穏やかな老後を送るつもりでいたそうです。

ところが、ある日、突然、その人生設計がくつがえされる事態が起きたといいます。

それまで上の階には独身の医師が住んでいたそうです。ひとり住まいでしたので、生活音はほとんどなく、静かな生活が35年間、続いていたようです。しかし医師は住戸を売却。かわりに小学生の男の子を持つ共働きの夫婦がその住戸を購入して、

悪夢のような毎日が続く

引っ越してきてからは悪夢のような毎日が続いたそうです。

夫婦はじゅうたん敷きだった部屋をフローリングに改装し、夜中に掃除機をかけたり、洗濯機を回したり。子どもも部屋で飛び跳ねたり、走り回ったり、ボールを蹴ったりする音が頻繁に発生し、それまで静かに暮らしていた知人の生活は一変してしまったのです。

直接、相手に音への苦情を伝えたり、管理組合にも入ってもらったりしたため、深夜の生活音はかなり軽減されたようですが、それでも椅子を引く音、ものを落とす音、子どもが駆け回る音などはあまり変化がなく、ノイローゼ気味になってしまったそうです。

結局、知人は住み慣れたわが家を引っ越さざるを得なくなりました。

「若いときの引っ越しならいざ知らず、年をとってからの環境の変化はさすがに身にこたえました。35年かかって築き上げたネットワークや人間関係が根こそぎなくなるのは本当に悲しい。この年になって、こんな試練にみまわれるとは思ってみませんでした」としみじみ言っておりました。

「まるで上に悪魔が引っ越してきたみたいです」と疲れ切った表情で語っていたのが、今でも印象に強く残っています。

たかが音。されど音。私たちは隣や上、下に引っ越してくる隣人を選べません。誰が近くに住むかは運次第。それが音に対する問題をよけい深刻に、切実にしてしまう根本のところかもしれません。

しかし、たんに「運が悪かった」ではすまされません。私たちは何とかこの運命に立ち向かっていかなければならないのです。

集合住宅という形は、とくに都市部の場合、一戸建てより利便性や地価の点で大きく勝ります。とすれば、この住居形態を取り入れつつ、住戸内の音をめぐる環境をより住みやすい方向へ持っていくのが、私たちが快適に幸せに人生をすごすために必要なのではないでしょうか。

問題になっている騒音とは？

今、マンションではどんな「音」が問題になっているのでしょうか。

国土交通大臣が指定する「公益財団法人住宅リフォーム・紛争処理支援センター」では、「住まいるダイヤル」をもうけ、一般の方々から相談を受け付けています。

マンションのトラブルは「音」が多い

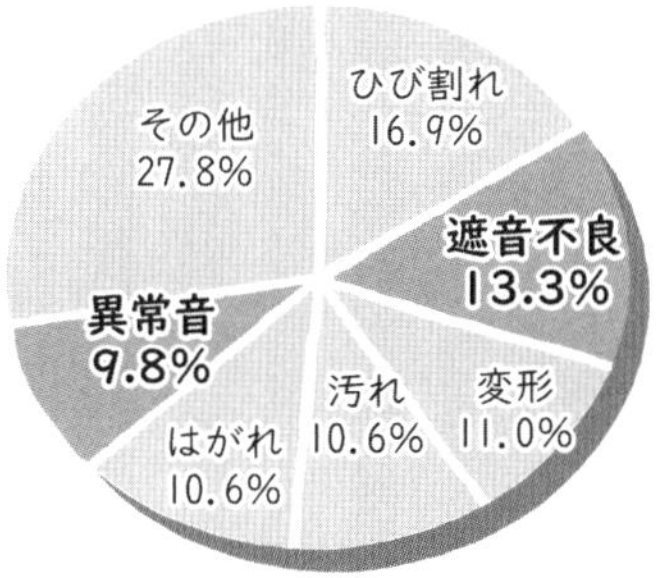

紛争処理支援機関で扱われた事件の内容は音に関するものが多くなっている。

※出所：住宅リフォーム・紛争処理支援センター『住宅相談統計年報2019』の紛争処理支援「主な不具合事象（共同住宅）」より作成。

私もこのセンターに技術委員として関与していますが、センター全体の相談件数は累計32万件（2003〜2019年）にも達しています。

寄せられた相談で、問題が深刻化した事例（「住宅紛争審査会」にまで及んでしまったもの）について見てみますと、トラブルのトップは「ひび割れ」ですが、2位が「遮音不良」、6位が「異常音」となっていて、音が原因でトラブルが深刻化しているケースがかなり多いことがわかります。

ケース
01

二重床の効果を誤解してしまった

相談の具体例を紹介しましょう。

まずマンションを購入するときのトラブルです。Aさんは以前からマンションの音の問題に敏感で、購入するさいは立地や間取りに加えて、「音に配慮された物件」に重きを置き、マイホームを探していました。

幸い、床のコンクリートの厚さ（これをスラブ厚といいます）が230ミリメートルと通常より厚く（ふつうは180〜200ミリメートル）、しかも床が二重床になっているマンションが見つかりました。営業担当者からも「二重床なら音は聞こえませんよ」と言われて、購入を決めたのです。

ところが、いざ入居してみると、真上の住戸からの生活音、歩く音、ものを落としたときの音が聞こえます。耐えきれず、真上の人に直接話してみたところ、足音は少し聞こえにくくなりましたが、ほかの音はあまり変わらなかったそうです。

実は二重床は必ずしも音をおさえられるわけではありません。このことについては本文99ページでも説明します。

とにかくAさんは、せっかく音に配慮してマンションを選んだのに、入居してから上階の生活音に悩まされることになったのです。

隣接住戸の人のくしゃみが聞こえる!!

ほかの例もあります。

ケース
02

調べてみると壁の中身に問題が…

Bさんは新築の分譲マンションを購入しました。場所は7階建ての4階で、両隣を住戸にはさまれています。その片方の家からテレビの音がよく聞こえてくるそうです。ときには、隣のご主人の大きなくしゃみも聞こえると言っていました。

調べてみると、隣戸との境の壁（これを界壁といいます）がブロックにコンクリートを詰めた構造になっていました。この工法では音が聞こえてしまう場合があります。

でもマンションを購入するとき、壁の中身まで調べる人はいるでしょうか。またかりにこの構造のことを事前に知らされていても、何のことだかよく理解できなかったでしょう。Bさんは「隣となるべく波風をたてたくないのですが、どうしたらいいのでしょう」と頭を抱えています。

ケース
03

上階のトイレの音がリビングに響く

同じように上階からの生活音に悩まされているCさんの例です。Cさんのところも分譲マンションですが、上の住戸から生活音がよく聞こえてくるそうです。壁を伝って話し声が聞こえてきますし、配管を流れる水の音もよく聞こえます。

とくにひどいのが、リビングです。上階のトイレを使用する音が、食事の最中にも聞こえてきて、食欲がなくなるというのです。販売会社に音を聞いてもらいましたが、「これくらい、ふつうです」と言われました。でもCさん宅に遊びに来た友人は「よく聞こえる。これはひどい」と言うそうです。

Cさんは現在、販売会社と交渉中ですが、らちがあかずに困っています。

ケース 04

下階の老夫婦の断捨離音に悩む

ほかにも私が直接相談を受けた事例はたくさんあります。なかには住み始めて何年もたってから、音の問題に悩まされる人もいます。

冒頭で紹介した〝悪魔が上に越してきた〟方の例もそうですが、私の身近な知人にも、住み始めて20年もたってから、音の問題が生じてきたDさんという人がいます。

Dさんの下階には、Dさん同様、マンション新築当初から住んでいるご夫婦がいます。20年も同じマンションに住んでいるので、お互いに顔見知りで、良好な人間関係を築いています。

音に関する基礎的な知識があれば対策をとることは可能

そのご夫婦が、ご主人の定年退職を機に家にいることが多くなり、日中の生活音がひどくなったというのです。断舎離をしているのか、しょっちゅう部屋の整理や家具を動かすガタガタという音が聞こえます。

さらに困ったのは、年を重ねるとともに早起きになり、早朝から活動することです。毎朝決まって朝7時には洗濯機を回し、掃除機をかけ始めます。Dさん夫婦は下階の洗濯機と掃除機の音で、毎朝目が覚めてしまいます。

今では朝7時になる前に目が覚めてしまい、「ああ、またあの音が聞こえるのか」と憂鬱になるそうです。

これらは、私が受けた相談でも代表的なものです。いずれも、１００％解決することは難しいのですが、少なくとも、**音に関する基礎的な知識があれば、事前に防いだり、対策をとることは可能です。**

マンションを買ってから、あるいは住んでから、音の問題で必要以上に悩まされないように、この本を参考にしていただければと思います。

いつから音を気にするようになったのか？

そもそも、日本で「音」の問題がクローズアップされてきたのはいつごろでしょうか。

〝向こう3軒両隣〟といわれるように、日本の共同住宅は長らく長屋形式が基本でした。自分の家をはさんで左右3軒ぐらいは隣も同然。赤ん坊の泣き声が聞こえようと、夫婦げんかが始まろうと、生活音が筒抜けでも当たり前のおおらかな時代が続いていたのです。

音に関する問題が出始めたのは、日本の高度成長期とリンクしています。1956年に日本住宅公団の集合住宅が建ち始め、1963年ごろからは民間でも鉄筋コンクリートの集合住宅が主流になりました。

それまでは木造住宅がほとんどでしたので、鉄筋の公団住宅は庶民の憧れの的となりました。その後、民間のディベロッパーも参入するようになり、鉄筋コンクリート造の集合住宅の建設が加速度的に増えていったのです。

当時の集合住宅の設計図を見ますと、上下階を仕切るコンクリートのスラブ厚は110ミリメートル（現在は180〜200ミリメートルがふつう）しかなく、子どもが走り回る音や、ものを落としたときの落下音など、かなりうるさかったと推察されます。

さらに台所や風呂場、トイレなどの給排水設備の配管は、コンクリートに直接埋め込まれる工法になっていました（現在は配管スペースをもうけています）。この工法だと、給水や排水の音が建物全体にもろに響き、水が流れる音がよく聞こえたはずです。

しかし〝向こう3軒両隣〟の文化を持つ日本では、当初はよその音を気にするより冬の寒さから身を守ったり、夏の蒸し暑さをやり過ごす断熱性や換気性能、台風

昔は音の問題を指摘する発想すらなかった

を防ぐ頑丈さなどに重きが置かれていて、鉄筋コンクリートの集合住宅が建てられた初期には、音の問題を指摘する発想も少なかったと思われます。

なお現在は住宅に対して、防火や断熱、遮音など多くの項目に対する性能が求められていますが、当初は住宅取得に続いて、安全上の問題が優先され、とくに音や空気などの空間の性能に関する要求は優先順位が低かったように思われます。

音に関するクレームが出始めたのは、公団の着工数が増加した１９７２年の前後ごろと推測されます。１９７０年に建築基準法で「長屋又は共同住宅における界壁の遮音規定」が決められていることから見ても、このころから音の問題が注目され始めたのでしょう。

最初は住居に、暑さ、寒さを防ぐ断熱性や雨風を防ぐ頑丈さを求め、次に室内の空気の清浄さへと関心が移り、それらが満たされると、最後に音の問題に関心が移っていった、というのが集合住宅の快適性を追求する時間的な流れです。

最近の高級マンションは静かさを売りにしたものも多くみられますが、それはこうしたニーズを反映しているのです。高級な住居は「静かな空間」との解釈がなされてきているように思われます。

さらに今後はリモートワークの普及やペット飼育の広がりにより、集合住宅でも音への関心がより強まる時代になるでしょう。

マンションの購入時に考慮する項目

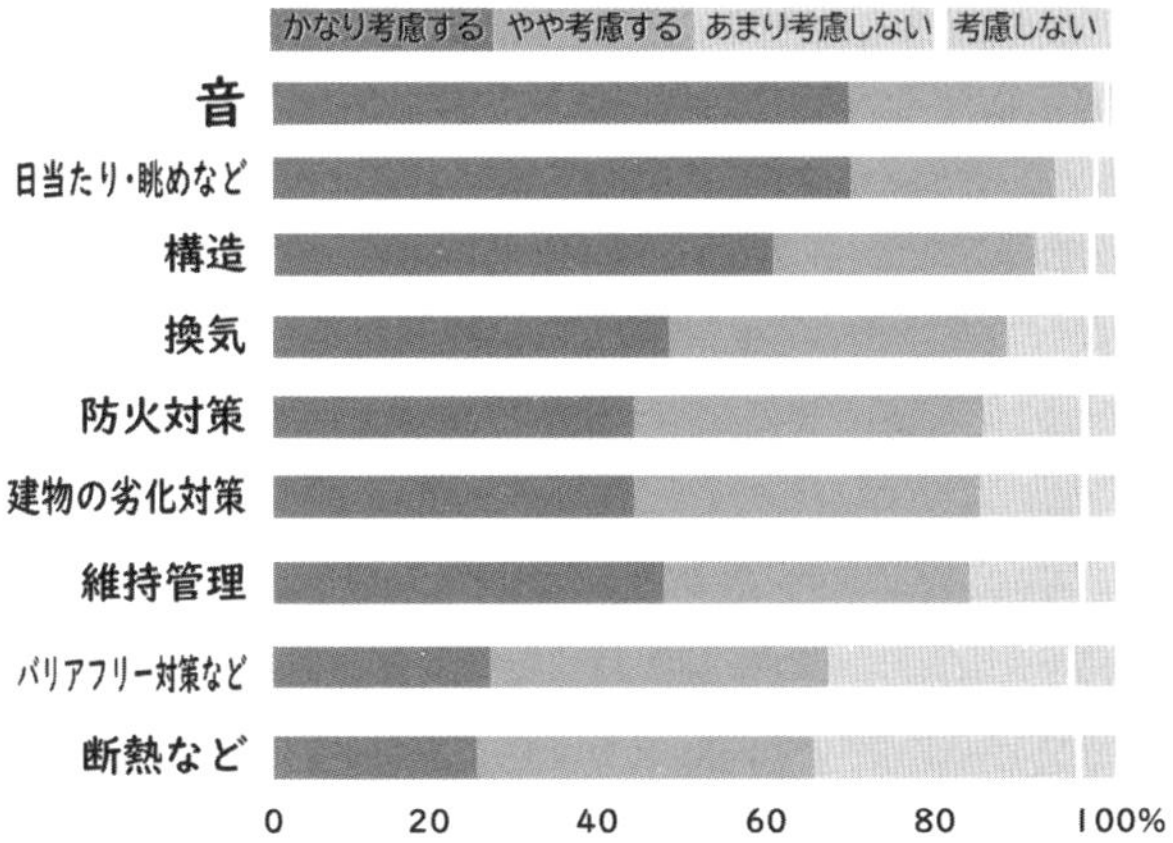

※出所：「音環境に関する集合住宅購入時の消費者要求と住宅供給者の説明」阿部今日子・井上勝夫の研究より（2005 年）

マンション購入のさい「音」に対して「かなり考慮する」「やや考慮する」と答えた住戸の購入希望者は 98%。ほとんどの人が「音」を気にしていることがわかる。

第1章のまとめ

□音によって生活が一変することがある。

□マンションのトラブルで多くを占めるのは音の問題。

□日本人はかつては音に寛容だった。

□住居に対するニーズが、雨風や暑さ、寒さを避けるものから、空気の清浄さを求めるものへ、さらには静謐さへと要求項目が多くなってきている。

□リモートワークの増加で音に対する関心も高まっている

第2章

音の
正体を知る

マンション内で発生する音には
種類があります。
音の基本的な特質と
伝わり方を知るとともに、
人の耳の聞こえ方の
特徴についても理解しましょう。

マンション内の音には2種類ある

私たちはひとくくりに「音」とか「騒音」といっていますが、マンション内の音には種類があります。音への対策をとるには、そもそも音にはどんな種類があり原因が何なのかを知ることが重要なのです。まずはそのお話から進めましょう。

マンション内で発生する音を大別すると、

空気音（空気伝搬音）
固体音（固体伝搬音）

の2つにわけられます。ひとつずつ説明します。

空気音（空気伝搬音）とは

まず空気音です。

空気音と固体音は伝わり方が違う

空気音

シンバルの音は空気を振動させて耳に届く。

固体音

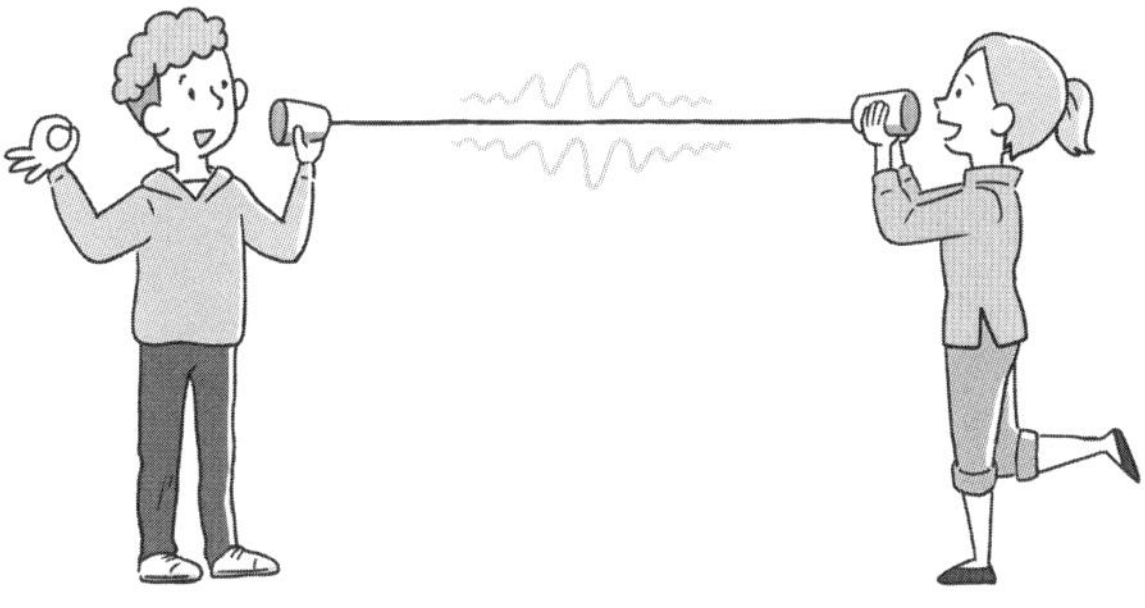

糸電話の声は糸を振動として伝わって耳に届く。

空気音とは音が空気を振動させて伝わるものです。たとえば赤ちゃんの泣き声やテレビ・ステレオの音、話し声、外の道路を走る車の音などは、音の発生源から音が空気を振動させて伝わってくるもので、これを空気音といいます。

上の階や隣から聞こえてくる話し声やテレビの音なども空気を振動させて伝わるので空気音に該当します。

固体音（固体伝搬音）とは

一方、固体音とは、力や振動が床や壁、天井などに入り、振動として固体の中を伝わり、離れたある住戸の空間で聞こえる音のことをいいます。

これは糸電話で音が伝わるのを想像していただければわかりやすいでしょう。糸電話で家の1階と2階を結び、1階から「もしもし」と小さな声で話しても、音は2階までちゃんと届きます。これは音が引っ張られた糸という固体を通して、伝わったからです。

マンションで固体音といえば床にものを落としたり、床をたたいたりしたときのコンコンという音や、人がドスンと床に飛び下りたり、ドスドス走ったときの下階の住戸に聞こえる音、ドアやふすまを勢いよく閉めたときのバタンという音（これを「戸当たり音」といいます）などが該当します。

また風呂場で水を流したときの音やトイレの給排水音、エレベーターの音なども配管や壁を通して振動が伝わった音で固体音となります。

空気音と固体音では伝わり方が異なる

このように空気音と固体音は音の伝わり方が違うのです。

空気音の場合は、音が空気を振動させて全方位に球体状に伝わっていきます。この場合、音源から遠ざかれば遠ざかるほど、音は小さくなります。また音が伝わる途中に空気の振動をさえぎるようなもの（たとえば壁や天井など）があれば音が小さくなります。

やっかいなのは固体音のほうです。マンションにおける音のクレームでも、深刻なものは多くがこの固体音です。

固体音は床や天井、壁などの固体を通して伝わります。マンションの場合、天井や床、壁は建物の躯体《くたい》（躯体というのはマンションの主要な骨組みのことです。柱や梁《はり》床や壁がこれに該当します）としてすべてつながっているので、**ある一カ所で発生した音でも、躯体を通して遠くまで伝わっていきます。**

空気音と違って、音源から遠く離れたからといって、空気音ほど音が小さくなるわけではありません。空気中に比べて、固体のほうが音の減り方が小さいからです。

ケース 05
音源が予想とはまったく別なところにあった

あるマンションで、天井からゴンゴンという音が聞こえるという訴えが管理会社にありました。てっきり真上の部屋からの音だと思っていたら、実は3階も下の住戸から壁を伝って響いていた音だった、という例もあります。

また私の知り合いのところでは、ある休日の朝、真下に住む住人が血相を変えて怒鳴り込んできたことがあったそうです。

「今、お宅でドンドン…という大きな音を出しましたよね」と言われたのですが、知り合いはまだ就寝中で、音の出しようがありません。パジャマ姿の知り合いを見て、真下の住人は気まずそうに引き揚げていったそうです。これなども、上から音

マンション内での空気音と固体音の伝わり方

空気音の伝わり方

テレビの音（空気音）は空気を振動させて隣戸との境の壁を透過し、隣戸に伝わる。

固体音の伝わり方

子どもが走る音や、ものが落ちる音（固体音）は壁や天井（躯体）を振動させて、躯体でつながっている他住戸へ伝わる。

が聞こえたと思っても、音源はまったく別のところにあったという例です。

次ページは5階建てのマンションの1階の風呂場で水を出したときの音が、どのように伝わるかを測定してみたものです。この建物は給水管をコンクリートの中にじかに埋め込んでいるので、現在の一般的なマンションの聞こえ方とは少し異なりますが、遠く離れた住戸や意外な場所にある住戸でも、位置によっては固体音が大きく聞こえることがわかります。

つまり固体音は、音源の場所が予測しにくく、予想外のところに伝わるということを知っていただきたいと思います。

洋室は音が響きやすく、和室は響きにくい？

このように空気音と固体音では、音の伝わり方が違いますので、伝わり方に応じた対策が必要になります。

1階の浴室の給水音は他の住戸でどれくらい聞こえるか

※数字の単位は騒音の大きさを示すデジベルA

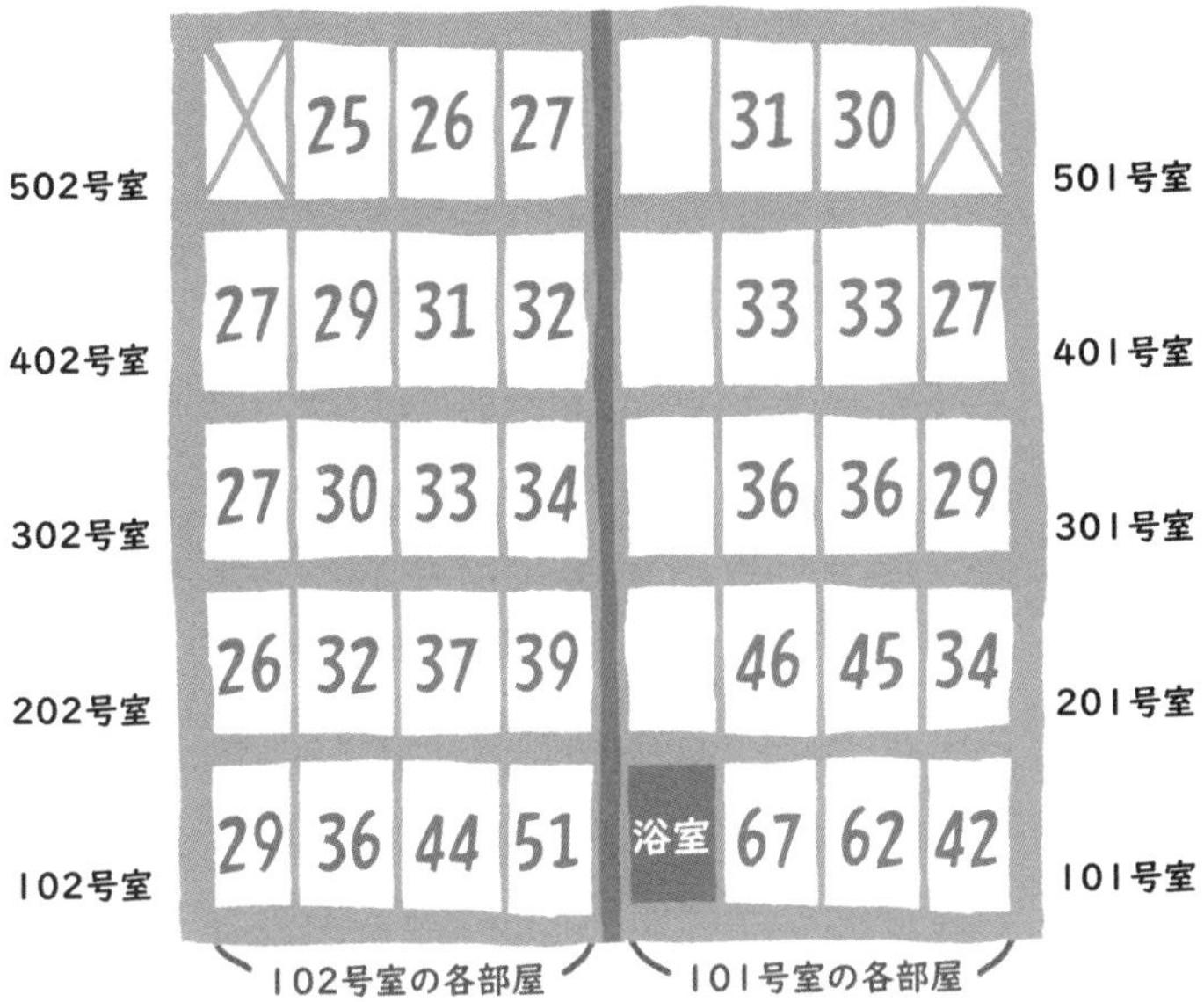

出所：「あるアパートの浴槽給水時の各階各室の騒音の伝搬量」大川平一郎　著

501号室でも十分聞こえる大きさ。

まず空気音ですが、音は空気の振動によって伝わります。この振動をさえぎることができれば、到達音は小さくなります。

たとえばステレオが大音量で鳴っていても、ふすまを閉めれば、音は少し小さく聞こえます。またステレオにふとんをかぶせてしまうと、空気の振動はさえぎられ、音は少ししか聞こえません。

つまり空気音を防ぐには、音源の周囲の壁や床、天井、ドアに遮音材や吸音材を併用することで、音の伝わり方を小さくおさえられるというわけです。

一方、固体音のほうは、ものがぶつかったときの衝撃の力によって、ぶつかった面が振動し、その振動が床や壁、天井といった躯体を伝わって、ほかの住戸に拡散していきます。ですからまずは衝撃の力を躯体に伝えない「防振」などの工夫が必要になります。

しかしこれは建物の構造とかかわりますので、すでにできあがってしまった建物で構造をいじるのは難しいといえるでしょう。

躯体に振動を伝えないという意味では、カーペットを敷くなど、衝撃を吸収でき

固体音特有の特徴・伝わり方がクレームの原因になる

る床材にするといった工夫も原理は同じです。多少は音を軽減できるでしょう。
それでも椅子から飛び下りる「ドン」という鈍い大きい衝撃音などは、力が大きく低音ということから床をカーペット敷きにしたところで、他住戸に響くのはほとんど変わりません。固体音へのクレームがなかなかなくならないのは、こうした固体音特有の特徴と伝わり方にも原因があります。

また、音の特徴として空間の形も影響します。音は空間が大きければ、反響して音が響きます。これは反射音の効果といえます。教会の聖堂やコンサートホールで音が響くのは、表面が反射性の高い材料で仕上げられ、空間が大きいために音がいろいろな方向から長い時間にわたって反射するようにつくられているからです。

少し難しい話をすると、音が伝わる速さは、毎秒３４０メートルで一定しています。音は壁があると、ぶつかって反射しながら、だんだん小さくなっていきます。ですから、空間が大きくなればなるほど、音が壁にぶつかって反射し、その音がまた別の壁に反射するのに時間がかかり、音が消えるのが遅くなります。

この特徴が、コンサートホール等の大空間で響きが残る、すなわち、音が小さくなっていくのに時間がかかる原因となるわけです。

さらに、音が反射する壁を、吸音しにくいものにすれば、反射によって音は小さくなりにくいので、より長く響きが残ることになります。この響きの残る時間のことを、専門用語では「残響時間」と表現しています。

そのため長く音の響きを残したい場所、すなわち教会の聖堂などでは、床面や壁面にはわざと音が反射しやすい（吸音しにくい）材料を使っています。

音に包まれるように感じるのは、空間に伝わった音がいろいろな方向から何度も

「音が残って響く」とは、こんなイメージ

ギターの音は壁や天井に何度もぶつかって反射し、聞く人の耳に届く。その音は時間とともに小さくなっていく。

反射し、時間差をともなって伝わることが大きな理由の一つとなっているのです。
反対に録音スタジオのようなところは、よけいな音が反射するとノイズになってしまうので、空間は比較的狭くつくられ、床や天井、壁も音を吸収する吸音材が使用されています。極力、音の反射をなくし、響きが残らないように配慮されているのです。

要約すると、**空間が広くなるほど音の響きは残り、吸音性の高い材料が使われるほど、音の響きは残らない**ということを知っておいていただきたいと思います。

これをマンションの部屋にあてはめてみましょう。マンションの部屋にもそれぞれ空間の特徴があります。リビングなど洋室は大きめにつくられていて、床はフローリング、壁は石膏ボードや合板にビニールクロスが貼られているのがふつうです。
これらの材料は、一般に音を反射しやすい特徴があります。つまり**マンションの洋室は大げさにいえば教会やコンサートホールのように音が響きやすい音の特徴を持つ空間**といえます。

では和室の場合はどうでしょうか？　一般的に和室は洋室より狭く、床は畳です。
また天井も天井板を細い木材が支える竿縁《さおぶち》天井になっていたり、壁面にも障子や襖《ふすま》

残響の軽減が期待できる「竿縁天井」のしくみ

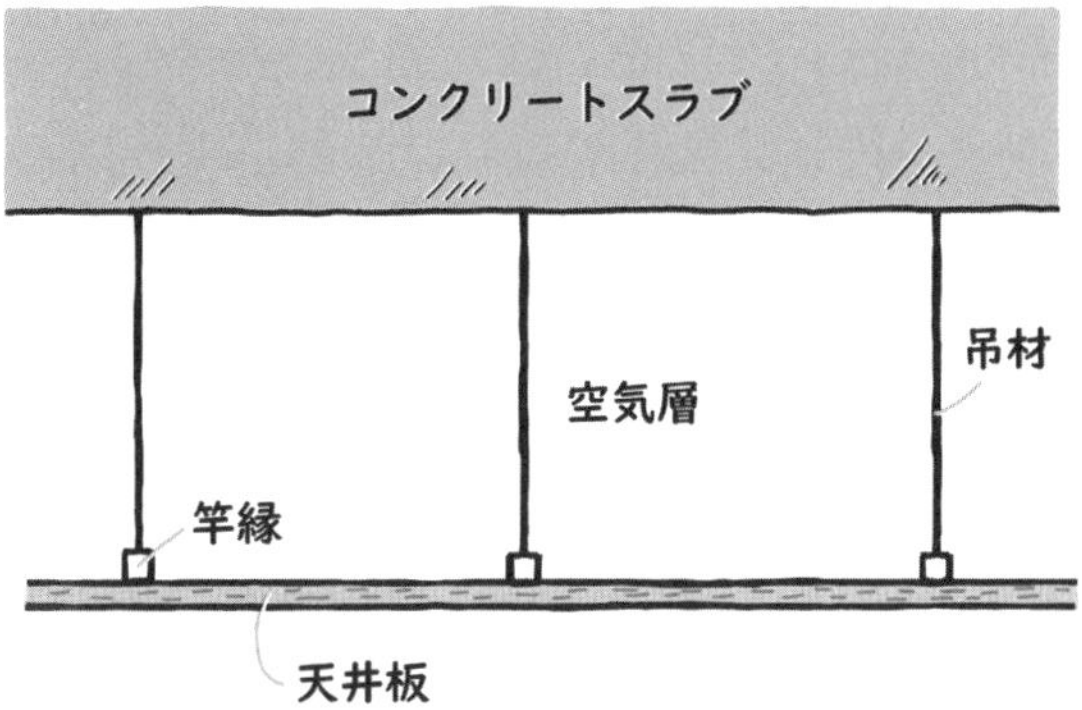

天井板をつり下げる竿縁天井。和室に多い。

があったり、壁紙も珪藻土《けいそうど》風やしっくい風などが使われることがあります。

こうした内装は吸音性が比較的高いため、空間としても音の響きは洋室に比べるとおさえられがちです。とくに稲わらでつくられた昔ながらの畳はひじょうに吸音性が高い床材といえます。

つまり和室の場合、屋外や隣戸から壁を通して伝わってきた音は、洋室に比べると比較的早く小さくなる、すなわち残響時間は短めになる空間といえます。

今はリフォームするときに、わざわざ和室をつぶして洋室に替えてしまう人が多いのですが、音のことを考えると、和室を残しておくのも手かなと思います。

もっともその差はごくわずかですので、「強いていえば」というレベルです。なお、それぞれの音に対する、さらに詳しい防音対策については第4章、第5章で具体的にご紹介いたします。

人間の耳は聞き取れる音の範囲が意外に広い

マンションで生じる音が、これほど問題になるのは、人間の耳がひじょうに精巧な音響計測器になっていることも原因の一つといえます。耳元を飛ぶ蚊の羽音から、滑走路を離陸する大型ジェット機の音まで正確に聞き取ることができます。

そしてある一定のレベル以上の音になると、「うるさい」と感じます。ですから音の問題を考えるとき、人間が「うるさい」と感じる音のレベルを知っておき、音をそれ以下におさえるのが効果的な音の対策になります。音の程度を表すには、

1　音の大きさ（音圧）をはかるデシベル　→　dB
2　音の高さ（周波数）をはかるヘルツ　→　Hz

が用いられます。※なお、これ以外に騒音の程度を表すデシベルA（dBA）という単位もあります。詳細は54ページで説明しています。

まず音の大きさをはかるデシベルから説明します。音は空気の振動（すなわち「密ー疎」の繰り返し）が耳の鼓膜に到達します。強い波がくれば、鼓膜は大きく押されて、大きい音と感じます。弱い波だと、鼓膜は少ししか押されないので、小さい音と感じます。

つまり音の大きさは、鼓膜を押す音の圧力（音圧）によって変わります。そこで、人間の耳で聞き取ることができるもっとも小さな音を0と決め、それぞれの音がどれくらいの大きさかを数字であらわしたものがデシベル値です。以下、デシベル値と実際の音の対応を示してみましょう。

120デシベル　ジェット機の近距離におけるエンジン音
100デシベル　工事現場のドリルの音、車のクラクション
90デシベル　怒鳴り声
80デシベル　電車の音

70デシベル　ドライヤー、洗濯機、掃除機の音
60デシベル　ふつうの会話の声
40デシベル　図書館の音
30デシベル　ひそひそ声
0デシベル　人が聞き取れる限界の音

なお、人によっては0デシベル以下の音でも聞き取れるという人はいます。聴力テストで、もし「あなたの聴力はマイナス10デシベルですね」と言われても驚かないように。

音の大きさがだいたい70〜80デシベルを超えると、相当うるさく感じます。音の感じ方には個人差があるので、測定器ではかってみて、70デシベルを超えるようなら「たしかにうるさいですね」ということになりますし、40デシベル程度なら「少し音に神経質ではありませんか」ともいえます。

（なお、ここで示しているデシベルは、正確にはデシベルAですが、わかりやすくするために、デシベルにしてあります）

低い音ほど聞き取りにくい

また音には高い音、低い音があります。音の高低は音が1秒間にどれくらい振動するかで決まります。1秒間に振動する数を周波数といい、振動する回数が多ければ多いほど（周波数が高いほど）高い音に、振動する回数が少なければ（周波数が低いほど）低い音に聞こえます。

1秒間に1回振動することを1ヘルツ（Hz）とし、音の高低はヘルツで表します。人間の耳はだいたい20ヘルツから20000ヘルツ（20キロヘルツ）まで聞くことができますが、もっとも敏感に反応するのは1000〜4000ヘルツあたりです。20000ヘルツ以上の高音は「超音波音」、20ヘルツ以下の低い音は「超低周波音」と呼び、一般にはどちらの音も人間は聞くことができないとされています。

余談ですが、犬の聴力は人間以上といわれています。私の家にはかつてドイツ犬（ミニチュアダックスフンド）がいましたが、彼が高音の金属音には異常に反応したのを思い出します。

おそらく人間にとっては聞くことができない超音波領域の音に反応していたのでしょう。犬が聞き取れる周波数の範囲は30キロヘルツ（30000ヘルツ）以上という報告もあります。

かつて、犬たちにとって、野山に存在する自然音（木々の葉のこすれる音や風の音、虫や動物が動く音）の中で獲物を探すのに、超音波の音を聞き分けるのは都合がよかったのだと思われます。

猫の場合は犬以上に超音波音を聞くことができるといわれています。聴力は生きていくために絶対に必要な能力だったわけです。

以下におおよその音とヘルツ数の目安をあげてみます。

1000〜20000ヘルツ　セミの鳴き声
30〜10000ヘルツ　ジェット機のエンジン音
30〜5000ヘルツ　ピアノの音
10〜5000ヘルツ　雷の音

30～4000ヘルツ　自動車のエンジン音
200～3000ヘルツ　バイオリンの音
100～2000ヘルツ　人の話し声
40～1000ヘルツ　洗濯機の音

また周波数によって、聞こえ方（耳の感度）が違うのも、人間の耳の特徴です。人間は周波数が低い音に対しては感度が鈍くなります。つまり低音ほど聞こえにくくなるので、低い音を聞くには大きな音にしないといけないのです。

たとえば20ヘルツくらいの低音では80デシベルくらいの音でないと聞くことができませんが、100ヘルツくらいの音になりますと、30デシベルくらいの音から聞こえます。さらに、1000ヘルツくらいの音では数デシベルの音でも聞くことができるようになります。

救急車やパトカーのサイレン音は、音量としてはそれほど大きくありませんが、人の聴覚の特性からすると、それらの音を聞き分けることは可能となり、多少距離が離れていても、救急音がわかります。

ただし、これらの救急音は、音の周波数だけでなく、音の時間的な特徴も関係しています。救急車の音は「ピィ〜ポォ〜、ピィ〜ポォ〜」、パトカーの音は「ウーウー」などと独特の時間的な特性があって、よく聞こえる、区別できる要因のひとつになっています。

騒音の大きさは「デシベルA」ではかる

ここでひとつおことわりを入れておきます。専門的な話になりますので、パスしたい方は飛ばしてください。

音の大きさ（強さ）をはかる単位はデシベル（dB）で、音圧レベルといいます。一方、人の感じる騒音の大きさをはかる単位はデシベルA（dBA）で、騒音レベルといいます。

なぜ異なる単位になるのかというと、前述したように同じ大きさの音であっても、周波数によって違う聞こえ方になるからです。

周波数によって音の聞こえ方が違ってくる

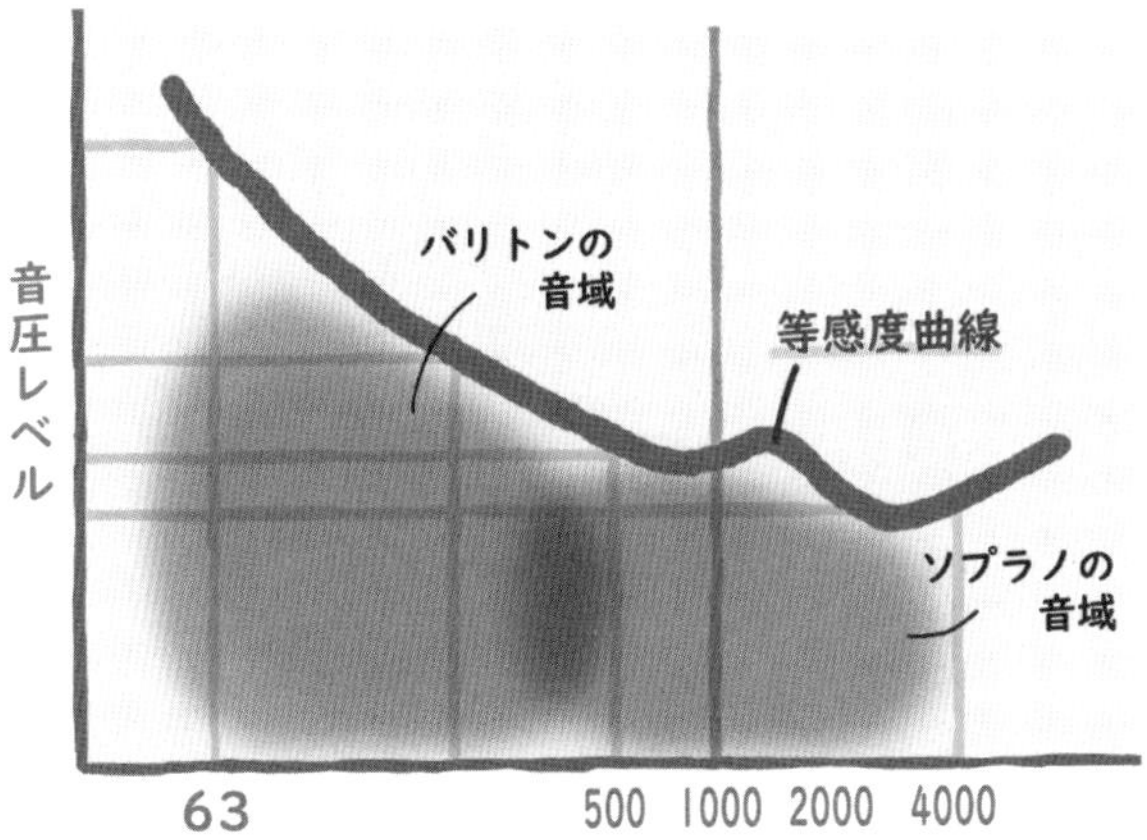

※出所：純音に対するラウドネス曲線の例（40hon の例）：ISO226-2003 より

音が高いと小さい音でも大きく聞こえて
音が低いと、大きい音でも聞こえにくい。

人間の耳の聞こえ方は、音の大きさと周波数によって変化すると言いました。**同じ大きさの音を出しても、周波数が高いと大きく聞こえ、低いと小さく聞こえます。**つまり周波数が低ければ、同じデシベル値の音であっても騒音には感じないこともあるのです。

ですから騒音をはかるときは、音の大きさ（デシベル値）に対して、周波数の変化を加味して補正することで、調整しています。これがデシベルA（dBA）で騒音レベルといっています。この本では、各所で「○○デシベル」などの表現をしていますが、特別表記しない限り、ここで示す騒音レベルの「デシベルA」の値と思ってください。

耳障りなのは高音で大きい音

人間の耳は低い音より高い音のほうがよく聞こえます。つまり**高い音なら、音が小さくても聞き取れてしまう**というわけです。

耳の聞こえ方に合わせて音の大きさを補正する

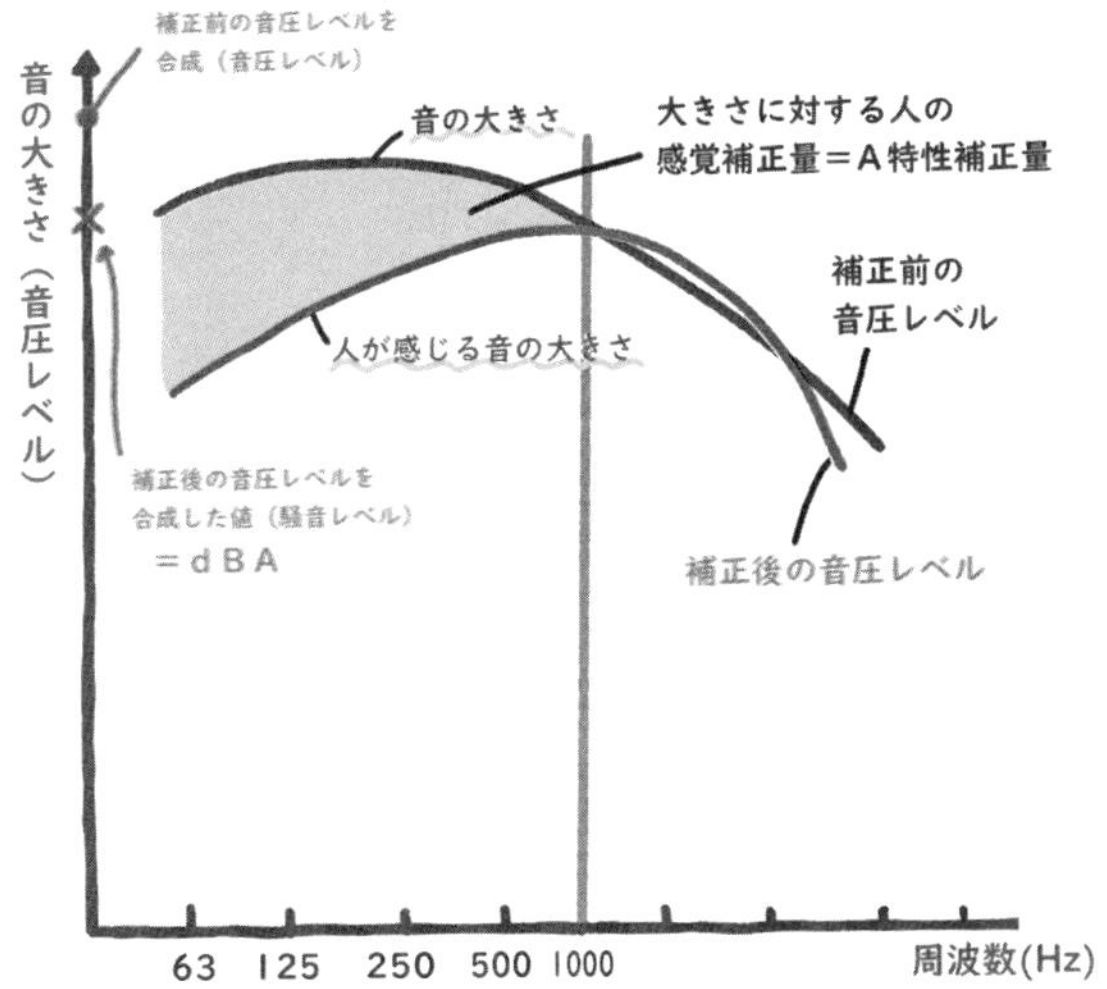

人間の耳は周波数によって実際の音より大きく聞こえたり、小さく聞こえたりする。騒音をはかるときは耳の感度に合わせて、音の大きさの値を補正する。騒音をはかるときに使う単位がデシベルA（dBA）。

ではマンション内で、どんな種類の音が一番よく聞こえるか、周波数（ヘルツ）と音圧（デシベル）の関係で見てみましょう。

（1）もっともよく聞こえる音　＝　高音（高周波）で音が大きい（音圧が大）

ex　硬いものを床に落とした音、給排水管を流れる水の音、杖をコツコツついて床を歩く音、底の硬いスリッパでパタパタ歩く音など

↓

（2）次によく聞こえる音　＝　低音（低周波）で音が大きい（音圧が大）

ex　ドタドタと歩いたり、ドンドンと走ったりする音

↓

（3）その次に聞こえる音　＝　高音（高周波）で音が小さい（音圧が小）

ex　チョロチョロ流れる給排水管の音、シャワー音、カーテンを閉める音

↓

（4）ほとんど聞こえない音　＝　低音（低周波）で音が小さい（音圧が小）

ex　ボソボソと話す会話、外の雑音

これを見てもわかるように、(1)の「高くて、大きな音」は、一番よく聞こえるので注意が肝心です。マンション内でこれに該当する音を考えてみると、たとえばピアノやバイオリンなど楽器を演奏する音は、高くて大きな音が多いので、よく聞こえます。とくに、ピアノの脚を防振しないでじかに設置した場合の固体音はひじょうによく聞こえます。

またフローリングやタイルなどの硬い床にスプーンやフォークを落とす「コン」「カーン」という音や、底の硬いスリッパでパタパタ歩く音、硬いおもちゃで遊ぶ「カチャカチャ」という音などもこれに該当します。

給水圧力の高い給水栓から給水する場合や、シャワーをジャージャー流す音が響くのも、高い音では大きく聞こえます。ふだんの生活で、高音で大きい音が出るような行為は、周囲にも音がよく聞こえると考えて、注意することが肝心です。

(1)の「高くて、大きい音」を防ぐには、床材をクッション性の高いものに替え、さらにキッチンにマットやラグを敷いたり、おもちゃで遊ぶスペースはカーペット敷きにする、風呂場は風呂マットを敷く、建具の戸当たり部にはクッション性のあるテープを貼るなどするのがおすすめです。

やっかいなのは（2）の「低音で、大きい音」です。マンション内の音でいうと、人がドタドタと歩いたり、子どもがドンドンと走り回る音、椅子からドスンと飛び下りる音、重量のあるものをドンと落とす音などが該当します。

本来、こうした低い音はあまりよそには聞こえないのですが、マンションではそういうわけにいきません。**壁や天井など躯体《くたい》（建物の構造を支える骨組み）を通して建物全体がつながっている**ので、たとえ低音の音であっても、躯体に対する衝撃が大きければ、とくに真下の住戸などにはよく聞こえてしまうのです。

これは音のエネルギーと関係します。少し難しい話をしますと、音もエネルギーの一種です。テレビの音や人の話し声など空気を伝わる空気音のエネルギーは、空気を振動させる程度の力しかありません。

たとえば人が高いキンキン声で話していたとして、そばで聞いていればうるさいでしょうが、その声が床を通して、下の階の住戸まで響くことはあまりありません。人の声などの空気音は、床を大きく振動させるほどのエネルギーはないのです。

一方、床の上にドンと飛び下りたときのエネルギーはどうでしょう。床を大きく

やっかいなのは「低音で、大きい音」

振動させてしまうくらいの力があります。飛び下りる音自体は、そばで聞いていれば、低くて鈍い音ですし、さらに自分の家ではそれほど大きいとは感じないでしょう。

でも他住戸、とくに真下の住戸では突然、大きな音がするので、影響が大きくなってしまうのです。場合によっては、真下の住戸のみならず、上階や斜め下の住戸にも影響を与えてしまうことも多々あります。

マンションではたとえ低くて鈍い音、すなわち人間が聞き取りにくい周波数の音であっても、**床や壁、天井など建物の骨組みである躯体に直接衝撃を与える音**

は、かなりの大きさでよその住戸に響いてしまうという点を理解しておきましょう。

なお、「低音で、大きい音」の伝わり方は躯体の構造とも関連するので、床材を替えるなどの方法では根本的に解決するのは難しい問題です。

クッション性が多少ある床材に貼り替えたとしても、床に加わる力が大きいため、クッション材は徐々につぶれていき、クッション性がなくなってしまいます。そのため、衝撃が直接、床の躯体に伝わってしまうことから、ここでは、床材のクッション材への変更はほとんど効果はないと考えておいてほしいと思います。この問題については、「床衝撃音」として、のちほど再度説明します。

高齢者がいる家庭はテレビを北側の和室に置こう

少し横道にそれてしまいますが、周波数と音圧の話が出たついでにお話ししておきます。高齢者と若者で、聞こえる音の範囲が違うのはご存じですか？　一般的には、若者はたとえ小さい音でも周波数が高い音は、聞こえますが、年をとるととも

日常生活で発生する主な音の大きさ

自室で聞こえる音の測定例

レースカーテンを閉める音	82
サッシを閉める音	74
テレビのニュース音	54
洗面所の引き戸の戸当たり音	70
玄関扉を閉める音	86
洗濯機の給水音	54
台所の換気扇の音	51
浴室・バスタブの給水音	76

※単位はデシベルA（dBA）。音源から1メートル離れたときの音

自室内で聞こえる音はカーテン・サッシ、玄関扉の開閉音や給水音が大きく聞こえる。

真下の住戸で聞こえる音の測定例

浴室・手桶の落下音	34
浴室・シャンプーボトルの落下音	39
浴室・椅子の引きずり音	29
トイレ・放尿音	28
洗面所の入口引き戸閉時の戸当たり音	44
台所の引き戸閉時の戸当たり音	38
トイレの給排水音	23

※単位はデシベルA（dBA）

真下の住戸では床衝撃系の発生音・戸当たり音などがよく聞こえる。

に周波数が高い小さい音は聞こえにくくなります。

以前、夜間の公園に若者がたむろして困った自治体が、若者だけに聞こえる高周波の音を流して、撃退を試みた例がありました。これなども、若い人と高齢者が聞こえる音の範囲が違うことを利用したやり方です。


とにかく高齢になると、高音域が聞こえにくくなるので、「あれ？　よく聞こえない」と思って、年配の方はついテレビの音量を上げてしまいがちです。これが騒音トラブルの原因になってしまうこともあります。

高齢者がテレビの音量を上げる理由はもうひとつあります。それは低い音、つまり低周波の音の問題と関係します。**実は高齢者でも低周波の音は、若者と比べてそれほど聞こえる感度が鈍くならずに、ちゃんと聞こえている場合が多い**のです。

ただ、マンション内には、つねに、ある程度の音が、環境音として存在しています。たとえば、外の自動車の騒音や、マンション内のエレベーターなど設備機械が動く音、空調の音など低周波の音が伝わっています。

こうした音は、高齢者にも聞こえているテレビなどの低周波の音を覆い消してし

「テレビを置く部屋を変える」というちょっとした工夫

音が入りやすい窓の大きい洋室より、窓が小さく音も
響きにくい和室にテレビを置こう

まうのです。

音が音にかぶさって、聞こえにくくしてしまうことを「マスキング効果」といいます（128ページで詳しく説明しています）。窓の大きな洋室やリビングにテレビを置くと、外部からの音でテレビの音、とくに高齢者でも聞き取りやすい低周波の音がマスキングされてしまいます。

またリビングや洋室は構造上、和室より音が響きやすいので、マンション内の固体音も拾ってしまうでしょう。リビングや洋室でテレビを見るのは、大げさにいうと、うるさい交差点でテレビをつけているようなものといってもいいかもしれません。

高音の聞こえ方は鈍くなるし、低音もマスキングされて聞き取りにくくなる。となれば高齢者がテレビのボリュームを上げてしまうのはいたしかたないといえます。

もし高齢者が見るテレビの音を小さくしたかったら、テレビは低周波の音の影響ができるだけ少ない窓の小さい部屋、すなわち遮音の性能がいい部屋に置くことです。

マンションでいえば、窓がない真ん中の部屋や窓が小さい北側の部屋、とくに和室がおすすめです。ここなら、外部からの音を拾いにくいし、低周波の影響も受けづらいでしょう。ただし、外に空調設備の室外機があると低周波の音が入りますので、周囲の環境もよく調べてください。

テレビを置く部屋を変えるというちょっとした工夫でも、高齢者には音の聞こえ具合が違ってくるでしょう。

第2章のまとめ

□マンション内の音には空気を伝わる「空気音」と、床や壁、骨組みなど躯体を伝わる「固体音」がある。

□「空気音」は音源から空間を放射状に伝わるが、「固体音」は躯体を通して、予想外の場所にさまざまな伝わり方をする。

□固体音は音源の位置の推測がつきにくく、トラブルになりやすい。

□人間の耳が聞き取る周波数の範囲は幅広いが、とくに高音はよく聞こえる。

□洋室は音が響きやすく、畳の和室は音が響きにくい。

□マンションでよく聞こえるのは高音で大きい音。

□低音で大きい音もクレームになりやすい。

□ 70 デシベル以上あるとかなりうるさい。

□高齢者は、一般に低い音ほど大きな音で聞くようになる。

□高齢者がいる家庭はテレビを遮音性能の高い真ん中や窓の小さい北側の部屋に置くといい。

第3章

どんな音が問題になる？

ひとくちにマンション内の音といっても、
発生のしかたや伝わり方、種類など、
さまざまな性質があります。
マンション内でもとくにトラブルになりやすい
音について述べてみます。

“悪魔”の正体は「床衝撃音」だった

マンションのように上下階に住戸があると、上の階で歩く、走る、飛び跳ねる、ものを落とすなどによって、床（＝下の階の天井）が振動し、下の階に音が伝わります。これらの音は総称して「床衝撃音」と呼ばれています。

床衝撃音は固体音に含まれます。この床衝撃音が、マンション内の音のトラブルでは一番多くなっています。冒頭で紹介した、35年住んだマンションから引っ越した知人の例も、原因となった“悪魔”の正体は、この床衝撃音でした。

床衝撃音は、さらに音の種類によって2つにわけられます。

（1）軽量床衝撃音　＝　軽くて硬いものを落としたときのコンコンという音

ex　スプーンやフォークを落とす、床でおもちゃによる遊戯音など

（2）重量床衝撃音　＝　重くて柔らかいものを落としたときのドスンという音

床衝撃音は音の種類によって2つに分かれる

＜軽量床衝撃音＞

＜重量床衝撃音＞

軽くて硬いものを落としたときの音は「軽量床衝撃音」、重くて柔らかいものを落としたときの音が「重量床衝撃音」

重量床衝撃音が悩ましい

ex　歩いたり、走ったりする足音、飛び跳ねる音、家具を動かす音など

56ページの周波数と音圧の関係の分類でいうと、「軽量床衝撃音」は「高い音で、音が大きい」、「重量床衝撃音」は「低い音で、音が大きい」に該当するでしょう。ともに耳障りな音に分類されます。

マンション内では、要注意の音です。

「床衝撃音」の特徴と種類

「軽量床衝撃音」という考え方はヨーロッパが起源です。ヨーロッパでは、「床衝撃音」といえば、硬い床の上をハイヒールでコツコツ歩き回るような音が想定されていました。

ところが靴を脱いで生活する日本では、「軽量床衝撃音」はあまり一般的ではありません。それより子どもが飛び跳ねる音など、重くて鈍い衝撃音が問題にされていたのです。


そこで日本の実情に合わせたものとして「重量床衝撃音」という考え方が昭和50年ごろ導入されました。参考までに、「この床の構造」だと「軽量床衝撃音」と「重量床衝撃音」がそれぞれどれくらい響くかをはかる測定法を説明します。

「軽量床衝撃音」の性能を測定するには、500グラム、直径3センチメートルの鋼製のハンマーを4センチメートルの高さから落とします。それが下にどれだけ響くかを測定するのです。この機械は「タッピングマシン」と呼ばれています。

また、「重量床衝撃音」の性能を測定するには車のタイヤを使います。タイヤを1メートルの高さから床に落として、その衝撃音をはかるのですが、なぜタイヤだったのかというと、子どもの体重や柔らかさがタイヤによく似ていたからです。

ちなみにこのタイヤは最初は普通乗用車用の10キログラムを超えるものを使って

いましたが、さすがに重かったので、1974年に私が提案して、軽乗用車の7キログラム程度のタイヤに切り換えました。
現在は軽乗用車のタイヤを落としたときと同じ力の特性を示す「バングマシン」という自動落下装置を用いて、高さ約80センチメートルからタイヤを床に落として、下の空間等に発生する音を計測しています。

マンションに存在する「不思議音」

これは私が相談を受けたあるマンションでの事例です。

「床衝撃音」をはかる計測器

「軽量床衝撃音」をはかるタッピングマシン

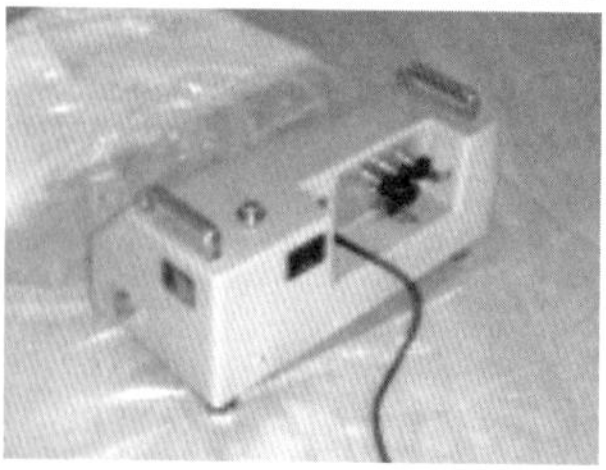

5個のハンマー(500g)が連続して1秒間に10回床を加振する装置でJISやISOに標準加振源として規定されている。本書で示している軽量床衝撃音遮音性能の測定用衝撃源。

「重量床衝撃音」をはかるバングマシン

質量7kg程度の自動車用タイヤを高さ80cm程度から自由落下させて床を加振する装置でJISに規定されている重量床衝撃音遮音性能測定用の標準衝撃源。子どもの飛び跳ね等を模擬した標準衝撃源。

ケース 06

深夜、早朝に聞こえてくる謎の音

ときどき、どこからともなく笛を吹くような切ない音が聞こえてくるというのです。最初は誰かが楽器を演奏しているのかと思ったそうですが、聞こえてくる時間が異常です。深夜の2時3時に何時間も聞こえてきたり、早朝、いきなり聞こえるというのです。

ほかの部屋でも聞こえるそうで、住人たちの間でうわさになってしまいました。なかには心霊現象を持ち出す人もいて、ちょっとしたパニックになった人もいたそうです。

マンションにはこうした原因が特定できない音が発生することがあります。これを「不思議音」とか「異音」などと呼んでいて、わりによく起きる現象です。「不思議音」の発生する原因はいろいろありますが、そのひとつがマンションの構造にあります。一例を挙げると、マンションのベランダの柵には鋼材やアルミが使われています。その柵が外壁のコンクリートと接合しています。

マンションの外壁に太陽光が当たると、金属である柵のほうが、コンクリートである外壁の膨張率より高いので、柵が伸びてきて、接合部分がせりあがってきます。場合によってはパチンとはじけて音がします。「夕方になると、外からパチンという変な音が聞こえてくる」とか、「朝、太陽が昇るころに、コーンという音がする」という訴えがあれば、私ならベランダの柵と外壁の接合部を最初に疑います。

また屋上に設置している設備機械を目隠しする羽状のルーバー（細長い羽板を平行に並べたもの）に風が当たって、「不思議議音」を出していることもあります。ちなみに、深夜に笛の音が聞こえてくるというマンションは、屋上のルーバーが原因でした。屋上の高架水槽を覆っていたルーバーの羽の部分で風が渦を巻き、風速5～10メートル以上の風が吹くと、ヒューヒューと笛が鳴るような音がしていたのです。

また建物の外観を凝ったつくりにしているデザイナーズマンションでは、壁の溝や建物のくびれの部分に風が当たって、「不思議議音」が出てしまうこともあります。

さらに最近ではカーテンを閉める「シャッシャッ」という音が「不思議議音」として苦情にあがっていたケースもありました。カーテンを閉めるときの音は、カーテンの金属製フックとカーテンレールがこすれ出る音が多いのですが、窓は壁より音が伝わりやすいので、空気音や固体音として苦情になるのです。

この場合はカーテンのフックを金属からプラスチックに替えるだけで、音はかなり防げます。

ケース 07

最上階住戸に起きる正体不明の音

ほかにもマンションには「不思議議音」が数多く存在します。私が相談を受けたある事例では、マンションの最上階を購入した人が原因不明の音に悩まされ続けたケースがありました。

どこから音がするかわからず、窓を二

カーテンのフックを金属からプラスチックに替えてみる

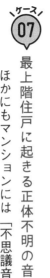

重窓にしましたが、音は消えなかったそうです。あちこち調べた結果、屋上に1階の店舗用の大きなコンプレッサーが設置されていることがわかったのです。音はそのコンプレッサーのモーター音でした。住戸内の音自体は25デシベル程度でしたが、低周波の振動が最上階の住戸に響き、正体不明の音として聞こえていたのです。

このように、音は意外なものが原因で起こることがあります。「この音は上の階の人が出しているに違いない」とか「建物の欠陥かもしれない」などと決めつけず、「不思議音」の可能性も考慮にいれて、冷静に対処すべきでしょう。

気になるのは音源が推測できる「有意味音」

音のトラブルでは、たんに「音が大きい」という「音量」の問題だけでなく、「何となく聞こえる」という小さな音の問題まで俎上にあがってくることがあります。

これがやっかいな問題です。

音が聞こえるか、聞こえないかまで問題にされると、ひじょうに厳しいトラブルになってしまいます。でも現実的には、小さい音であっても、「聞こえる」ということからくるトラブルがひじょうに多いといえましょう。

音には、「音に意味がある」、すなわち何の音か判断できる「有意味音」と、音源がよくわからない「無意味音」があります。このうち「聞こえる」という苦情につながるのは「有意味音」が多くなっています。

「有意味音」＝ 音源が推測できるもの、音から行為が推測できるもの
ｅｘ トイレの水を流す音、楽器の音、人の声など
「無意味音」＝ 音源が特定できないもの、つねにあってとくに意味を持たない音
ｅｘ 外部の車の音、都市騒音など

同じ60デシベルの音でも空調の音とピアノの音とどちらが気になるかといえば、圧倒的にピアノのほうです。「有意味音」のほうは何の音か、つい聞き耳をたてて

しまうからでしょう。

「有意味音」の場合、その音を出す行為や動作が不快なものであればあるほど、かすかに聞こえても気になってしまいます。トイレの使用音などがその代表例です。

これは聞いた話ですが、知り合いが高級フレンチのレストランでフルコースを食べていたときです。壁のほうから排水管を水が流れる音がして、びっくりしたというのです。音の間隔からいって、明らかにトイレを流す音だったそうです。せっかくのフルコースの味が台無しになったと言っていました。

「有意味音」は聞かれるほう、すなわち、音を出す側にとっても、音から行動を知られてしまうことになるので、ひじょうに不愉快なプライバシーの侵害になります。「シャワーを浴びる音がうるさい」とか「トイレを流す音がうるさい！」と音を出す行動を特定して、クレームを言うときは要注意です。エスカレートしていくと、その家のライフスタイルや人格の否定まで行ってしまう可能性があるからです。

反面、良好な人間関係が築かれていれば、「有意味音」でも許せる範囲が広くなります。同じピアノの音でも、よく知っているお宅なら、「あのうちのお嬢ちゃん

クレームを言うときは細心の注意をはらって

はだんだんピアノの腕が上達していくようだね。早く上手に弾けるようになるといいね」とほほえましく思えたりします。

反対に人間関係が険悪ですと、「こんな時間にピアノを弾かせるなんて非常識だ。子どもにどんな教育をしているんだ」「下手なピアノをいつまで聞かせるんだ。いい加減にしろ」とどんどん悪意がエスカレートしていきます。


「有意味音」が不快か、そうでないかは、心理的な側面にもおおいに左右されるわけです。

一方、「無意味音」のほうは、意味が特定できない音がつねに流れていて、慣れてしまっているので、ほとんど気にならないことが多いでしょう。いわゆる「白色雑音」といわれる都市の雑音や喧噪《けんそう》などは、典型的な「無意味音」です。デシベルではかればかなりの大きさであっても、気にしない人がほとんどです。

人は「無意味音」より、音の原因が推測できる「有意味音」のほうに厳しいということを覚えておきましょう。

住まい方を工夫すれば、音も改善できる

空気音対策	・テレビ、ステレオ等の音を小さくする ・大声で話さない ・子どもにはなるべく大声を出さないよう教える ・住戸内でのカラオケ等は控える ・隣接する住戸の居住者とはなるべく顔見知りになる
固体音対策	・窓やドア、ふすま等は戸当たり部を見て閉める ・掃除機や洗濯機の使用時間帯には注意する（深夜は使用しない） ・深夜のトイレ、浴室の使用は控える（使用する場合は音に注意）
全体的な対策	・上下階の居住者とは「おたがいさま」の気持ちで接するよう心がける ・子どもにはなるべく音をたてないよう教える ・家電製品を購入するときは低騒音型のものを選ぶ

第3章のまとめ

□マンションでもっともやっかいな音が「床衝撃音」。「床衝撃音」には、食器など軽くて硬いものを落としたときの「軽量床衝撃音」と、人の足音など重くて柔らかいものを落としたときの「重量床衝撃音」がある。

□「軽量床衝撃音」はラグやマットを敷けばある程度防げるが、「重量床衝撃音」は防ぐ有効な方法があまりなく、基本的には床のコンクリートの厚さなど躯体がどれくらい振動するかによって左右される。

□マンションには音源がすぐに特定できない「不思議音」が存在する。

□トイレの排水やシャワーを浴びる音など行為が想像できる「有意味音」と、都市の喧噪《けんそう》など何の音だかわからない「無意味音」がある。

□行為が想像できる「有意味音」のほうが、「無意味音」より気になる。

第4章

まずは加害者にならない

他住戸から「音がうるさい」と
クレームを言われたら、
どうしたらいいのでしょう。
トラブルになりやすい音の防止法や
クレームを言われたときの対応、
訴えられたときの対策など
具体的に紹介しています。

他の住戸からクレームがきたら音の出所を特定しよう

マンションに住んでいれば、いつなんどき他の住戸からクレームを言われないとも限りません。人が生活している以上、生活音はつきものなので、誰でも音の加害者になる可能性はあるのです。

クレームがきたとき、まず最初にするのは音源の特定です。クレームはたいてい「お宅の音がうるさいんですけど」といったあいまいな表現でくるケースが多いでしょう。

ですから最初にはっきりさせるのは、

どんな音？（「カン」とか「ボン」とか「ブーン」といった音の種類）
いつごろ？（朝か、昼か、夜か、何時ごろか）
どこから？（リビングか、廊下か、お風呂場か、寝室か）

などの項目について、どのように聞こえるのか、できるだけ具体的に聞いてください。具体的であればあるほど、自身の生活パターンと照らし合わせて、音源の特定がしやすくなります。

音源が何かわからないときは、音がしたとき、即連絡してもらえるようにお願いするのもいいでしょう。というのも、音を出しているのが、自分の住戸とは限らないからです。

マンションは躯体全体がつながっているので、どこかで出した音が、マンション全体に広がって、思わぬところで大きな音になって聞こえている場合もあります。

あるマンションで「風呂場の音がうるさい」とクレームがありました。調べたところ、文句を言われた真上の家ではなく、ななめ上の住戸のお風呂場が原因だったことがあります。ですから実際に加害者が自分とは限らないこともあるのです。

でも「お宅がうるさい」と名指しされて、「それは本当にうちですか？」と返してしまうと、こじれてしまうおそれがあります。その意味でも、「何の音か特定して、対処したいので、音がしたら、すぐうちに連絡してください」と連絡先を教えておくのは、お互いに無用な争いを防ぐ予防策にもなります。

たとえば「洗濯機を回すような音がうるさい」と言われ、「今、音がします」と連絡がきたとき、洗濯機を回していなければ、「その音は洗濯機ではないのではありませんか」とか「うちは今洗濯機を回していなかったので、もし洗濯機の音だとしたら、うちではありませんよね」ということになります。

子どもがいる家庭で、下の住戸から「子どもが騒ぐ音がうるさい」と文句を言われていた人がいました。

いつもあやまっていたのですが、あるとき子どもを実家に預けていたのに、「子どもの走る音がうるさい」と言われたのです。

「そのとき、うちには子どもがいませんでした」ということになって、騒音が自分の家のせいだけではなかったとわかった例もあります。

クレームがきたら、「まずは相手の言い分を誠意を持って受け止める　↓　次に音の出どころをつきとめる」という順番になると思います。

上階から聞こえる洗濯機の周波数の例

※本文88ページ参照

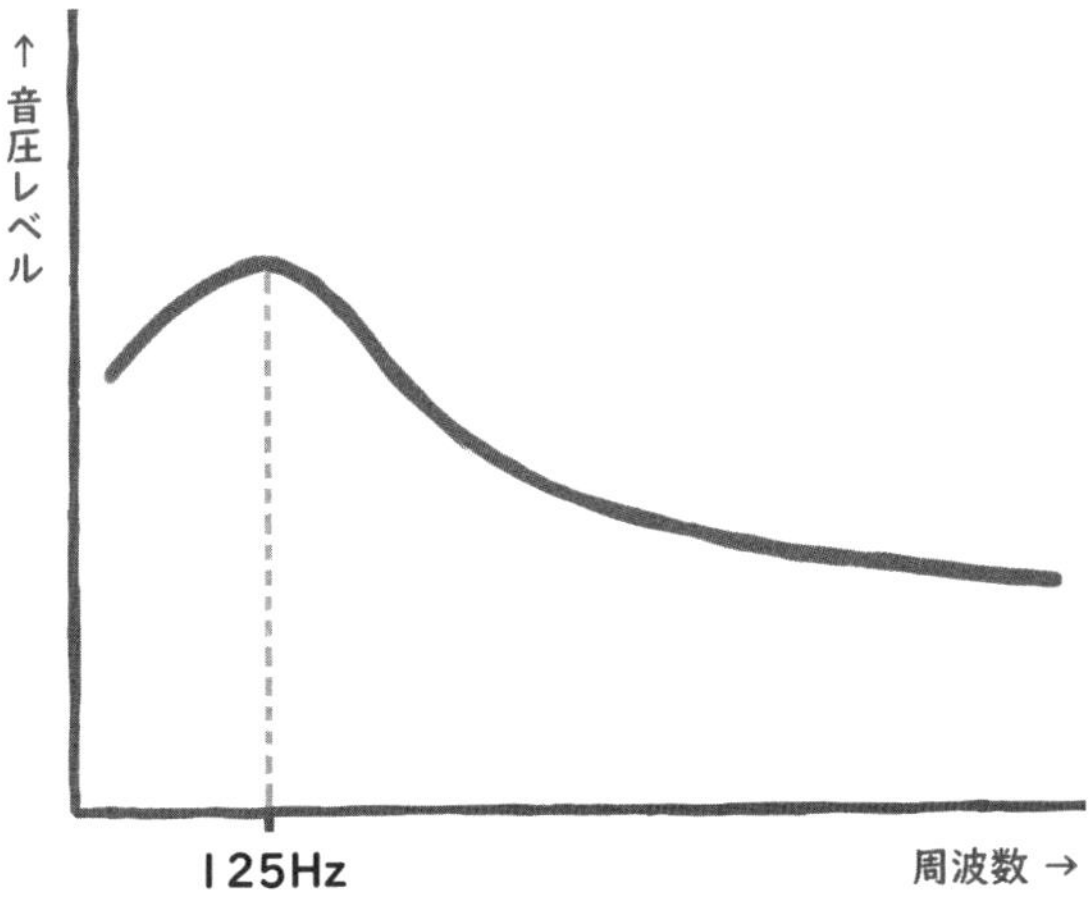

上階の脱衣室に置かれた洗濯機から伝わる音の大きさと周波数をはかったところ、125 ヘルツの音が中心になって階下に伝わっていることがわかる。

意外に響く低周波音に気をつける

「何の音かわからないが、とにかくうるさい」というクレームがくることもあります。しかし音源を探しても、とくに大きな音を出すものがないというとき、意外に盲点になっているのが、周波数の低い「低周波音」です。

たとえば冷蔵庫からはコンプレッサーの低周波の音が常時ブーンと出ています。洗濯機の稼働音も、そばで聞いているとさほど大きく聞こえませんが、１２５ヘルツほどの低周波音としてほかの住戸に響いていることがあります。エアコン用室外機の音も低周波音として響きます。

参考までに、私のマンションで上階から聞こえてくる洗濯機の音を測定してみた結果が前ページの図表です。いろいろな周波数の音が混ざっていますが、やはり１２５ヘルツあたりの低周波が多いことがわかります。

意外に気がつかないのは、マッサージ器や健康器具のモーター音です。あるマンションで毎日決まって夜の11時半から12時の30分間、ブーンという低い音がするというクレームが管理組合に寄せられました。

調べてみると、上階の人がマッサージ器を使用していたのです。使っている人はほとんど音を感じていませんでした。でもモーターが回転する低周波の音が、固体音としてしっかり階下に伝わっていたのです。

「とくに大きな音を出しているものは見当たらないのに、どうしてうちがうるさいと文句を言われるのだろう」と不思議に思うときは、家電製品などから出る低周波音を、一度疑ってみてください。

なおこうした低周波音を防ぐには、機器を使っているときの振動を床や壁に伝えないのが一番です。洗濯機や冷蔵庫には、足に防振用のゴムマットをはかせたり、運動器具を使うときは、下に防振用のゴムマットを敷くことをおすすめします。

なおゴムマットは、ゴムの硬さによって効果が異なります。製品の販売店やメーカー、できれば音の専門家に相談されることがいいでしょう。ゴム材の種類によっては、逆に音が大きくなってしまうことがありますので、注意してください。

ドアやふすま、カーテンの開け閉め、掃除機にも注意

最近のクレームで増えているのはドアやふすまを閉める音、カーテンを開け閉めする音、掃除機をかける音です。「毎朝出勤するとき、玄関扉を勢いよく閉めていく音がうるさい」「上階でふすまをタンと閉める音がうるさい」といった訴えはよく聞きます。

また「お隣で早朝、カーテンを開ける音で目が覚める」といった話を聞いたこともあります。ドアやふすま、カーテンの開け閉めは、無意識にやっていることが多く、まさかこんな行為が音の苦情になるとは、と意外に思うこともあるでしょう。

さらに掃除機の本体をガラガラ引っ張ったときや、掃除機のヘッドを壁や家具にガツンガツンぶつけるときの音も、かなり大きく響きます。

最近は部屋の静謐《せいひつ》を売りにしているマンションも販売されるほど、音に対する関心が高まっています。かつてなら問題にされなかったようなカーテンの開け閉めすら、クレームの対象になる可能性があるのです。

もちろん、人が生活する以上、一定の発生音は存在します。健康で通常の一般的な生活を営む権利は、確保・保障されるべきですから、モンスタークレーマーのような人の言いなりになる必要はありません。

しかし、「うるさい」と感じている人がいる以上、少なくとも音を小さくする努力はすべきです。住みよい共同住宅はお互いの思いやりと譲歩によって成立します。

ドアやふすま、カーテンの開閉の音や掃除機の音は、いずれも床や壁といった躯体を振動させて音が伝わる「固体音」ですから、固体にぶつけない（振動させない）のが対策の基本になると、念頭に置いてください。

それぞれの音の対策法ですが、まずドアやふすまの開け閉めは、戸当たり部を見ずに、前だけ見て、バンと閉めると意外に大きな音になります。

こういうときは、戸当たり部を見ながらゆっくり閉めるといいでしょう。戸当たり部を見ていれば、勢いよく閉めることはほとんどありませんので、これだけでも10デシベル以上の低減が可能といえます。

同様に、カーテンもいきなりザッと勢いよく開けたり閉めたりしないで、カーテ

戸当たり部にはクッションシートを貼るほうがよい

まずは「音を出す音源」に対策をたてる。

ンフックのあたりを見ながら、静かに開け閉めするといった小さな努力はできるのではないでしょうか。

また、掃除機はヘッドを壁や家具にぶつけないよう注意したり、本体を引きずって歩かなくてすむようなコードレス掃除機に替える手もあると思います。

なおドアやふすまの戸当たり音対策として、ホームセンターなどで便利なクッションテープが販売されています。ドア枠や引き戸枠にクッションテープを貼ることで、バタン、ピシャという戸当たり音はかなり小さくできます。

音の対策の基本は「音を出す音源の対策」である、と知っておいていただきた

いと思います。

また玄関ドアがバタンと閉まるときは、ドアクローザーを調整して、ドアが閉まる速度を落としたり、ドア枠のクッション材を交換することで、戸当たり音は大きく軽減できるでしょう。

なお最近の建具には、消音を意識したものも販売されています。たとえばふすまを閉めるとき、最後の数センチのところに一時ストッパーがついているものもあります。リフォームのさいは、こうした建具を選ぶことも考えてください。

私は自分の住戸のリフォームのさい、この建具を使ってみましたが、ふすまを閉めるさい、最後の戸当たり部でふすまが止まるため、戸当たりの周辺を自然と見るようになり、バタンという音がかなり小さくなったことを体験しています。

下階に響く「床衝撃音」を防ぐには？

やっかいなのは上階から下階に響く「床衝撃音」に対する苦情です。マンションでもっともトラブルになりやすく解決が長引くのも、この「床衝撃音」が多いのです。

私が関わっている（公財）住宅リフォーム・紛争処理支援センターの電話相談でも、一番多い苦情の原因は子どもの足音などの「重量床衝撃音」です。

「軽量床衝撃音」対策のポイント

「床衝撃音」の中でも、硬くて軽いものを床に落とす「軽量床衝撃音」のほうは、比較的軽減しやすいでしょう。衝撃がコンクリートまで響くほどの大きさではないので、表面の床材によって音のエネルギーを吸収できるからです。

衝撃が加わる箇所にカーペットや部分敷きマットを敷いたり、衝撃をやわらげる効果のある床材に替えると、音の発生が軽減されます。フローリングにするときは、床材の遮音性能が「LL−40」か「LL−45」と示されているものを選ぶようにしましょう。

「重量床衝撃音」対策のポイント

一方「重量床衝撃音」は、重く柔らかいものが落ちるので、床材だけではエネル

畳は厳しいが、布団を重ねれば…

重量床衝撃音対策は床材や畳では難しく、床を厚くするなど、振動しにくい床にするしかない。

ギーが吸収できません。ふとんやマットのような厚みのあるものを敷けば、衝撃はかなり吸収できますが、部屋中にマットを敷くのは現実的ではありません。

少し難しい話をしますと、床材によって音を防ぎたいのなら、床材自体が「衝撃音」を出す「音源」より柔らかい材料にする必要があります。人の歩行や飛び跳ねが「音源」となると、人の足より柔らかな材料が必要なのです。

また子どもが飛び跳ねたりすると、体重の10倍以上の力が発生しますので、それによってつぶされない柔らかさを維持できる床材が必要です。しかし、そんな床材はほとんどありません。ですから、

「重量床衝撃音」に対する対策を床材で行うのはかなり難しいことになります。

古くから利用されている「畳」は「軽量床衝撃音」に対しては、衝撃をやわらげる効果がかなり得られ、優れた床材といえますが、「重量床衝撃音」に対しては、あまり効果が期待できません。とくに近年用いられている発泡材を裏打ちした「スタイロ畳」などはほとんど効果はないとみたほうがいいでしょう。

「重量床衝撃音」を根本的に解決するには、床材では難しく、どうしても解決したければ、床のコンクリートの厚さ（スラブ厚）を厚くし、振動しにくい床にするしかありません。コンクリートが厚ければ厚いほど、床は重くなりますので、その分、衝撃時の振動は少なくなり、下の階に響く音は軽減されます。しかし、現実問題として、すでに建物ができあがっている場合は、躯体に手を加えるのは無理でしょう。

これくらい「ふつう」と考えている常識を疑ってみる

残された方法は、「うるさい」と言われた音源の発生音を小さくすることです。

たとえばドンドンと走り回る音自体を小さくする努力です。

「床衝撃音」は、音を出す側の住まい方に左右される場合が少なくありません。「こんなことくらい、ふつう」と思っていることが、共同住宅では意外と〝非常識〟であることも少なくないのです。

たとえば「帰宅が遅くなったんだから、深夜にお風呂に入ってもかまわないだろう」「子どもなんだから、これくらい走り回るのは当然」「食事をするのに椅子を引くのは当たり前。その音をとやかく言われても」といった思い込みが、騒音の問題を引き起こしていることが多々あります。

他の住戸からクレームがきたときは、いま一度、自分の住まい方をふり返り、「もしかしたらわが家の常識はマンション生活から見ると非常識かも」と反省してみることです。子どもが平気で走り回ったり、飛び跳ねたり、下の階に配慮せず、がんがん椅子を引くなど、マンションにふさわしくない住まい方をしているかもしれません。

もし家具や椅子を引く音がうるさいのなら、まずは脚に防音のクッションをはかせてみましょう。以前私が出演したテレビ番組では、椅子の脚に、切り込みを入れたテニスボールをはかせたり、椅子用の靴下をはかせて、音を軽減させていました。

また子どもが行動する音がうるさい場合は、必要以上にバタバタ走り回ったり、椅子から飛び下りるのをやめさせるとか、深夜は努めて静かにするなど、こちらもできる限りの努力をすることが大切です。

あるお宅では、二段ベッドの上から子どもが飛び下りることがあるので、飛び下りる場所にふとんを敷いて、衝撃を吸収したという話を聞いたことがあります。

このように、音を出す側、すなわち音源側でいろいろ努力することは、万一、訴訟問題に発展してしまったときも、重要になります。加害者側がどれだけ工夫・対策をしたかが、勝敗をわける大きな要因のひとつになるからです。

二重床構造は騒音防止の〝救世主〟となる?

「床衝撃音」を防ぐ方法のひとつとして、上下階を仕切るコンクリートにもうひと

「軽量床衝撃音」には効果がある二重床

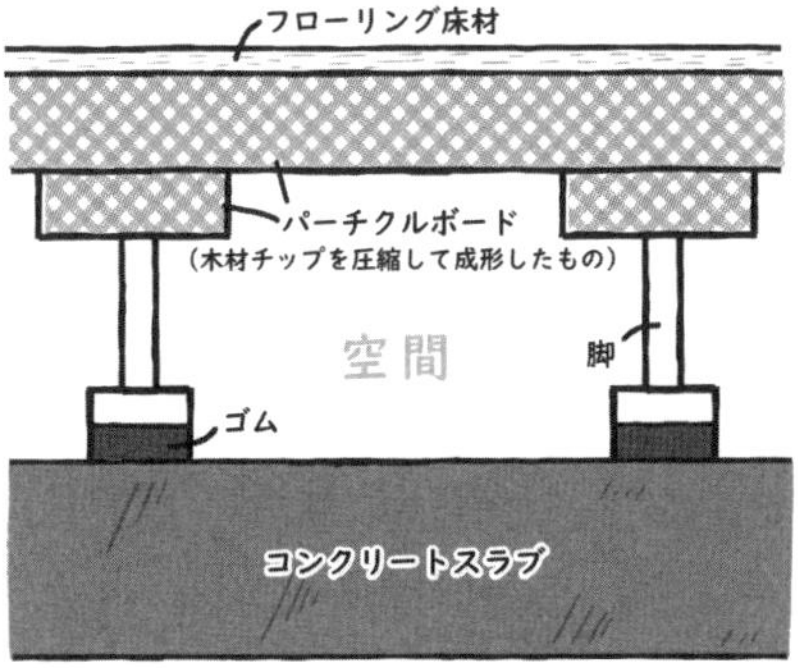

間に空間のある「乾式二重床」(防振タイプ)は上図のような構造になっている。

つ床をつくる二重床をすすめられることがあります。もともとあるコンクリート(スラブといいます)から脚を立ち上げ、その上に合板などを敷いて床材を貼り、床を二重にするやり方です。

「二重床」にすれば、躯体であるコンクリート＝下の階の天井に、直接衝撃を伝えないので、「軽量床衝撃音」には効果があります。同じ理屈で「重量床衝撃音」にも一定度の効果はあるのですが、必ずしも救世主になるわけではありません。

というのも、床材とコンクリートの間の脚部や空間で音が共振し、太鼓のように響いてしまうことがあるからです。

この場合は、わりと低音（周波数が低い）で発生することが多いのですが、そうすると、もともと低音が問題となっている「重量床衝撃音」に、さらに低音が加わって、逆に、大きくなってしまうことが多いのです。

床材の構造や材料によって性能が異なりますので、一概にはいえませんが、二重床は多くの製品でこの傾向がみられます。

この問題はかなり専門的になりますので、ここでは省きますが、もし二重床にするのなら、ＪＩＳ規格で表示された製品を選ぶことをおすすめします。ＪＩＳは日本産業規格といい、床材に対しては「JIS A 1440-1, -2」があります。少なくともこれらの規格による測定結果が書かれたカタログを見て、製品を選ぶようにしてください。

いずれにせよ、二重床は床や脚部などが共振する影響が出るので、お金をかけて二重床にしてみたところで、「重量床衝撃音」に関しては、思ったほど効果は期待できないことが多いと認識しておいてほしいと思います。

「給排水の音が気になる」と言われたら？

シャワーやお湯を流す音、トイレで水を流す音がうるさい、と言われることもあります。しかし給排水の音は構造的な問題ですので、個人でできることは限られています。それでも工夫がないわけではありません。

たとえばお風呂は深夜や早朝など周りが寝静まっている時間帯に使用しないことです。またお風呂で風呂おけやシャンプーのボトルを落としたり、お風呂用のバスチェアーを引く音が他の住戸に響くこともあります。これは浴室内の床にマットを敷くと、衝撃音は軽減できます。浴室内マットは転倒防止にも役立ちますから、一石二鳥です。

またリフォームのさいに、風呂場を二重床にするやり方もあります。風呂場で発生する音は「軽量床衝撃音」が中心ですので、「緩衝材を間にはさむ二重床（防振床）」という形にするのは効果的です。

ただし、トイレや風呂場と廊下に段差があって、廊下より15～20センチメートルほど高くなっている場合は、すでに二重床になっている可能性があります。分譲マンションではこのタイプが多いかもしれません。

その場合は、お風呂に入る時間を考慮したり、浴室内マットを敷くなど、住まい方の工夫で、音の軽減に努めましょう。なお、トイレの水を流す音がうるさいと言われたときは、消音タイプの便器に交換するのがおすすめです。

隣戸から「音がうるさい」と言われたとき

壁を通して、隣戸に音が聞こえている場合は、発生音を小さくするのが一番の解決策です。隣で音が聞こえるのは、境界にある壁（界壁）を通して音が伝わっている「空気音」であることがほとんどだからです。「床衝撃音」のように、躯体に衝撃が加わる「固体音」ではない分、対策もたてやすいのです。

マンションの壁については「長屋又は共同住宅の界壁の遮音性」について建築基準法第30条（203ページ）で「この程度の遮音能力を有する壁とすること」という基

隣戸間の遮音性能には窓などの迂回路音も含まれる

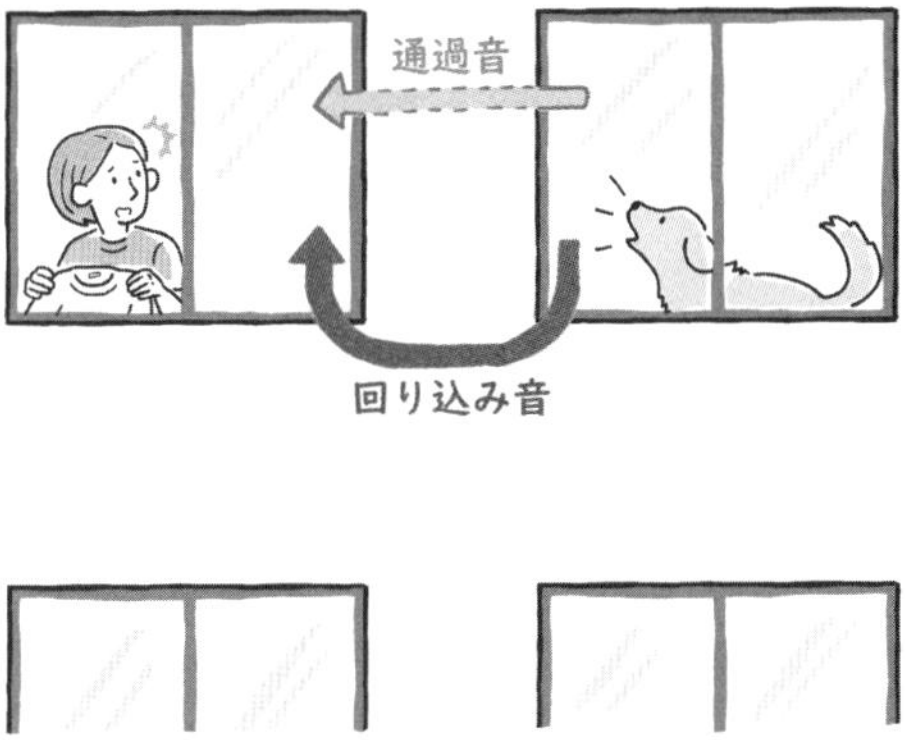

壁以外の部分から回り込んでくる音の影響が大きい。

準が決まっています。分譲マンションの場合はそれを上回る性能の壁がつくられていますので、あまり音が聞こえないと思います。

ただし、実際の建物では、壁以外の部分から回り込んでくる音の影響が大きく、法律で決められた基準値に相当する性能が確保できていない場合もあります。

とくに、木造系の集合住宅では、外壁の窓を迂回して室内に入ってくる音や、天井裏を迂回してくる音なども考えられます。また、コンクリート系のマンションでも外部に面するサッシや換気口を迂回してくる音などもあるため、実際には、界壁の本来の性能より、音をさえぎる性能が低くなっていることもあります。

マンションによっては、コストを下げるために、界壁を最低基準ギリギリでつくり、回り込み音については法的規制がないからといって考慮しない例もあって、音が聞こえやすい建物となっている場合もあります。

音の感じ方は人それぞれですので、もし隣から「音がうるさい」と苦情が出たら、壁の性能のせいと決めつけず、居住者として音を出さないよう何らかの対処をしなければなりません。

ヒントになるのは、隣の住戸から自分の住戸に聞こえてくる音です。隣から伝わる音は、同じように自分の家から隣にも伝わっています。どんな音が隣からよく聞こえてくるのか気をつけて、その音を小さくすれば、隣にもれる音も少なくできるはずです。

隣からテレビやステレオの音が聞こえてくるなら、自分のところのそういう音も相手に聞こえているはずですから音を小さくするとか、会話やその他の生活音が聞こえてくるなら、相手と同じような時間帯で行動するのもいいでしょう。

テレビの音量はなるべく小さく
音量
小
シー
早朝、夜間の洗濯機の
使用はやめる
子どもを遊ばせるときは、部分敷きのカーペットを敷く
音を出さない工夫をする

子どもが騒ぐ音がうるさいと言われたときは、必要以上に大騒ぎさせない暮らし方は必要です。ただ、「床衝撃音」もそうですが、小さい子どもがいる家庭で、音をゼロにするのは不可能です。ふつうに生活していて出てしまう音は、ある程度は許容してもらうしかありません。

音を出す側の居住者にも、平均的な生活を送る権利が存在するからです。要は、ふつうの生活の限度を越えた行為をして、音を出すのは控えるべきと考えておいてもらいたいと思います。

その意味でも、床にカーペットを敷いたり、子どもを自由気ままに走らせないなど、無理のない範囲でできる限りの努力をし、またその努力を相手にも伝えて、理解を得ることが重要です。

なお、自分の家で出す音を小さくする工夫として、室内に吸音材のグラスウールボードなどを貼り付けるということを時々耳にしますが、この方法は自室内の音の大きさを低下させる効果は多少ありますが、隣戸への対策として大きな効果は期待できません。

また前にも示したように、音は窓などの開口部を通しても隣戸に伝わっています。窓を開けっ放しにしないで、閉めるだけでも、聞こえる音は少なくなります。さらに窓を二重窓にしたり、ガラスの厚さを厚くすることで、窓から伝わる音はかなり軽減できるでしょう。自分の家の音が外に伝わるのを防ぐだけでなく、外から入ってくる音も防ぐことができます。

私の住戸でもリフォーム時に既存のサッシの内側にプラスチック製のインナーサッシを取り付けてみました。サッシのガラス間のすきまはおよそ80ミリメートルですが、とくに中・高音の音を防ぐ効果がとてもアップした感じがあります。

いつも持ち歩いている騒音計でインナーサッシの効果をはかってみましたら、9

月中旬の外からの騒音に対して、８デシベルほど低くなる効果がありました。感覚的には、半分以下に下がったように感じました。

こじれたら第三者に入ってもらおう

音の問題は毎日の生活全般にかかわってくるので、被害をこうむっているほうだけでなく、音を出していると名指しされたほうにも大変なストレスがかかります。

私は、音をめぐる紛争で、専門家としてしばしば法廷に呼ばれますが、こじれてしまった例を幾度となく見てきました。

ケース 08

深夜10分程度の入浴の音が大問題に

ある分譲マンションで、隣同士の音のトラブルが紛争までエスカレートしてしまったケースです。訴えたのは会社を経営する男性。訴えられたのは隣戸に住む独身女性です。

女性は残業や出張が多く、帰宅が深夜になることもざらでした。そのため帰宅後に入浴をするのですが、隣戸の男性は「深夜の入浴の音がうるさくて眠れない。不眠症になって、仕事にも支障をきたしている。損害賠償と慰謝料を求める」という訴えを起こし、数百万円の金額を提示してきたようです。

女性のほうも、「入浴をする時間は10分程度。こちらも気をつけて短時間で入浴を終わらせているのに、そこまで神経質に言われるのは心外」と一歩も引く様子はなかったようです。

ここまでエスカレートするまでには、両者の間で感情的な行き違いもあったようで、ふつうはどちらかが引っ越してしまうのですが、このケースでは両者ともに自分の権利を主張して、頑張っていたようです。

感情的にこじれてしまうと、深夜10分程度の入浴の音でさえ、莫大な慰謝料の対象になってしまうといういい例です。

こじれそうだったら、早めに第三者に間に入ってもらうのがいいでしょう。第三者といっても、いきなり弁護士を立てると角が立ちますから、最初は今の住まいの

「管理組合」に仲裁を頼んでみるのが妥当と思います。
管理組合には、以下のことをお願いしてみましょう。

1 相手の言い分や相手の家の状況（家族構成、生活スタイル、部屋の間取りなど）を聞いてもらう
2 自分の家の事情（小さい子どもがいるとか、夜勤があるなど）を伝え、さらに音を小さくするためにとっている対策を伝えてもらう
3 今住んでいるマンションの建設時の遮音性能を調べてもらう

たとえば、相手の家にお年寄りがいて、早く就寝する生活なら、こちらも夜10時以降は生活音を出さないよう気をつける、といったことができますし、相手の寝室の上に、自分の家の子ども部屋がある、といった部屋の使い方をしているのなら、子ども部屋の場所を移す改善ができるかもしれません。

また、相手の訴えを受け入れて、自分の家で「音を小さくするためにこんなに努力をしている」という誠意を見せれば、相手の気持ちも少しはおさまるでしょう。

第三者に入ってもらって、自分と相手、双方の事情をすり合わせたうえで、対策を考えることが大事です。

3つめに示した「今住んでいるマンションの建設時の遮音性能を調べてもらう」という項目は、面倒に思えるかもしれませんが、建築するときに、施工した会社や分譲した会社がどの程度、音が聞こえるかを設定して、設計、施工したのかを知る意味でもひじょうに重要です。

おそらく、日本建築学会の基準や建築基準法、あとで説明する『住宅の品質確保の促進等に関する法律』などに基づいた設計がなされているものと考えられますので、その設定値は調べるべきです。

でも管理組合に1、2、3を調べるほどの力がない場合は、音響関連の事務所などの、中立的な音の専門家に音の測定を依頼するのもいいと思います。実際、どれくらい音が出ているのか、客観的なデータを出してみるのです。

「なるほど、この音量ならうるさいですね」とか「この程度なら許容すべきかもしれませんね」などといった数字のデータが示せれば、漠然とした「うるさい」という苦情にも対処できるはずです。

トラブルが発生したあと、この客観的な数値は証拠として大きな効果を示すので、問題が深刻になりそうであれば、ぜひすすめたいところです。紛争は物理的な数値を検証することからスタートすべきと私は考えます。感情的、心理的な影響にこだわるのみでは、その後の展開が難しいと考えたほうがいいでしょう。

訴えられたらどうする？

それでも相手が納得せず、最悪の場合、訴えられてしまうこともないわけではありません。そんなときのために、こちらがやっておくのは、苦情に対して誠意を持って、最大限の対応をした記録を残しておくことです。

裁判では、音の苦情を訴えた原告が勝訴するケースより敗訴するケースが多い傾向にあります。それは人が生活する以上、ある程度の生活音はやむなしと判断される場合が多いからです。

音を出すほうが常識はずれの音を出していれば別ですが、聞こえる音のレベルが50デシベル程度以下なら、訴えたほうが負けるケースが多いと考えましょう。ですから通常の生活をしていれば、訴えられてもそれほど心配することはないはずです。ただし、訴えられた被告のほうが、音のクレームに対してまったく対処をしていなければ、裁判官の心象は悪くなるので、敗訴する可能性もあります。

そのためにも、クレームに対しては誠心誠意、対処しましょう。相手の感受性の問題はさておいて、相手に苦痛を与えていることはたしかなので、人間として誠実な対応をするのは当然だと私は思います。

ケース 09

下階からの苦情に誠実な対応をとらなかった上階住人

こんなケースがありました。

マンションの上階に幼児のいる家族が越してきました。子どもが遊ぶときの飛び跳ねやおもちゃの落下音、さらに歩いたり、走ったりする音が午後7時以降、深夜まで及ぶことがあったそうです。

そのため下階の住人は、睡眠障害、健康被害、ノイローゼなどの精神的被害を受けたとして、上階の住人に対して「不法行為に基づく損害賠償」を請求したのです。訴えた下階の人は上階からの衝撃音を測定していましたが、そのレベルは50～65デシベル程度でした。裁判所で上階を調べたところ、上階の床材は遮音性能の低いものでした。

にもかかわらず、上階の住人は下階からの苦情に対して、誠実な対応をとらず、生活のしかたを変えていなかったのです。裁判所ではその態度を「常識に欠ける対応」として、上階の住人に数十万円の損害賠償と訴訟費用を負担するよう命じています。

とにかく挨拶、とにかくコミュニケーション

訴訟まで発展する最悪のケースは何としても避けなければいけません。たとえ裁判に勝っても、良いことは何もありません。

ケース10

逆切れした加害者側が「名誉棄損だ」と訴えた!?

私が知っている例では、下階の人が上階の人に音のことで苦情を言ったことで、関係がこじれてしまい、逆切れした加害者側から「名誉棄損だ」と訴えられたケースがあります。音を出していたのは上階の住戸だったのに、被害者である下階の人が訴えられてしまったのです。

このケースでは加害者である上階の人の訴えが棄却され、被害者である下階の人の勝訴が確定しました。しかし、同じマンションで顔を合わせることに耐えられず、結局、裁判に勝った被害者である下階の人がマンションを売って引っ越してしまったのです。

マンションは毎日暮らす場所ですから、お互いが気持ちよく、平穏にすごすのが一番です。そのためにも日頃から人間関係を良好に保っておくことが大事です。顔を知っている人が出す音と、まったく知らない人が出す音では、受け取るほうの感じ方も違います。

住人同士が親しければ、子どもが走り回る音が聞こえても、「今日は上の子たち

加害者の常識は世間の非常識？

はにぎやかだなあ。この間まで赤ちゃんだったのに、大きくなったなあ」とおおらかに受け取れるかもしれません。でもまったく知らない家だと「こんな時間に子どもを走らせるなんて、非常識な家だ」と悪感情がつのっていきます。

マンションにはさまざまな家族構成、職業、生活スタイル、考え方が異なる人たちが住んでいます。ちょっとしたことで対立が生じやすい状況があることを踏まえたうえで、なるべく溝を深くしない工夫が必要です。

私がおすすめしているのは、「とにかく挨拶」「とにかくコミュニケーション」

両隣には笑顔の挨拶、上下階の住人にも！

です。廊下やエレベーターで住人と出会ったら、知らない人でも、自分から先に積極的に挨拶する。顔を知っている人だったら、「今日は暑いですね」「雨が降りそうですね」など、挨拶にひと言加えてみる。

それだけで、何度か会ううちに、親しい雰囲気がつくれるでしょう。とくに両隣の人とは笑顔の挨拶を心がけましょう。また上下階の住戸でも、音のトラブルが起きるという前提で、自分の上下にどんな人が住んでいるのか、気にかけておくといいと思います。

お互いに「お宅の音がちょっとにぎやかなんですが」と気軽に言えるくらいの

人間関係ができているのが理想です。

働き方改革やコロナの影響でリモートワークが推奨されるようになりました。家にいる時間が長くなると、いやでも近所の人たちとの関わりが増えてきます。マンションなら近所づきあいをしなくてもすむ、というのは過去の話です。お互いに気持ちのよい住環境を維持するためにも、近隣の人間関係には十分に配慮しましょう。

第４章のまとめ

□クレームがきたら、相手の言い分に誠心誠意耳を傾け、（１）どんな音が、（２）いつ、（３）どこから聞こえるのか、を具体的に聞く。

□意外に響く低周波音（人の歩行音、洗濯機やエアコンの室外機運転音）に注意する。

□ドア、ふすま、カーテンの開け閉め、掃除機の音には注意する。

□「軽量床衝撃音」には部分敷きマットやラグで対処。「重量床衝撃音」は床材による効果はほとんどないと考えよう。また二重床は必ずしも防音対策の切り札にはならない。

□家の中で走らない、深夜の生活音に配慮する、テレビ・ステレオの音量は小さくするなど、住まい方に注意する。浴室の発生音防止には浴室内マットを敷いたり、使用する時間帯に配慮する。

□トイレの洗浄音、給水音がうるさいときは、使用する時間帯に留意したり、消音タイプのものに取り替える。

□日頃から挨拶やコミュニケーションに気をつけ、人間関係を築いておく。こじれたら第三者に入ってもらう。

第5章

被害者になったらどうする？

音はいったん気になりだすと、
日常生活に支障をきたしてしまうこともあります。
音を出す相手に対する
上手な対応のしかたや音を防ぐ対策などを
具体的に記しています。

直接、苦情を言う前にワンクッション

上階からドンドン、ドタドタ音が響く。隣のテレビの音がうるさい。深夜の話し声が気になる。ステレオの音楽が大音量で聞こえてくる。早朝に洗濯機を回す…など、音はいったん気になりだすと、神経にさわります。

ああ、もう我慢できない！……という気持ちはわかりますが、いきなり苦情を言いに行くのはやめましょう。「耐えられない」という気持ちのままで行くと、どうしても感情的なもの言いになってしまいます。来られたほうも、突然だと気分を害するに違いありません。

マンションの場合は、空気中を伝わる「空気音」のほかに、躯体を振動として伝わる「固体音」があります。しつこいようですが、「固体音」は、上下階や隣戸ではなく、思わぬところから伝わってくることがあるので、「音を出しているのは上の階に違いない」などと最初から決めつけないことです。

そのためにも、苦情を言う前に、ワンクッション置くことを心がけましょう。最

クレームは直接言わず、ワンクッションを置こう

初は管理組合に申し出て、掲示板か全戸配布で「騒音に関する注意」をしてもらうのが良いのではないでしょうか。

特定の住戸を名指しするのではなく、一般論として「マンションではこれこれの音が響きますので、注意しましょう」とか、もう一歩踏み込んで「何曜日の何時くらいに、何階付近でこんな音がします。お互いに気をつけましょう」というような提示をし、注意喚起をうながします。それでも解決しない場合は、管理人を通して管理組合から当事者に話してもらうのが良いと思います。

もちろん人間関係ができていれば、直接、相手に話してもかまいません。ただし、最初はあくまで**「もしかしたら、お宅かもしれませんが」「間違っていたらごめんなさいね」**といった婉曲的な表現で聞いてみることが大事です。

「夕方から夜にかけて子どもが走るような音が聞こえますが、少し気になるので、状況はいかがですか?」とか「夜10時ごろ、ドンドンという音が聞こえます。お風呂場からのようですが、いかがでしょうか?」といった聞き方をしてみましょう。

もし可能であれば、相手の人に自宅まで来てもらって、実際に出ている音を聞いてもらうのもいいと思います。

なお管理組合に仲裁をお願いする場合は、正直に、正確に状況を説明しましょう。**できれば口頭ではなく、文書で、**次で述べる「8項目の記録」について簡潔にまとめたものを提出するとわかりやすいでしょう。

音の記録をとって、エビデンスを残しておく

音がうるさくて我慢できないと思ったら、音に関する記録をつけて、エビデンスを残すことです。これは先方や第三者に具体的に説明するときに必要ですし、最悪、こじれて訴訟になったときに、重要な証拠になります。次の8項目を記録に残すのが理想です。

1 音の大きさ（できれば何デシベルなど数値で記録したものを残すのが理想）
2 音がする時間帯（朝、昼、夜、深夜など。できれば時間帯を特定する）
3 音の頻度（継続していくのか、単発なのか、間をおいて繰り返すのかなど）
4 音の種類（高い音か低い音か。ドンとかコンとかバタンといった音の聞こえ方）
5 音の発生場所（キッチンとかリビングといったように、場所が特定できれば）
6 経過（いつからその音が始まり、どのような経過をたどったのか）
7 音による影響（夜眠れない、精神不安定になった、勉強できないなど）
8 対策の有無（相手に話しに行ったとき、どんな対応をされたか。相手はどんな対策をとったかなど）

なお、こうした記録をつけていることを必要以上に相手方には知らせないほうが良いでしょう。あくまでも自分用の記録としてとっておき、聞かれたときだけ、答えるスタンスが賢明です。

そうしないと「お宅はうちの物音をいちいち記録していたのか。それは盗聴だぞ。プライバシーの侵害じゃないか」と怒りを買ってしまい、別の問題に発展しかねません。

音の記録のとり方ですが、音の大きさの測定は騒音計を使うと便利です。市町村役場の公害を扱う部署で、騒音計を貸し出しているところがあります。これを使って、実際に騒音レベルで何デシベルの音が響いているのか記録すれば、客観的に音の大きさが記録できます。

また費用はかかりますが、音響性能の調査機関に依頼して音の測定をしてもらう方法もあります。音を出している相手が変人で、とてもまともに話し合える状況ではないというときは、将来の訴訟も踏まえて、きちんと音の測定をし、記録を残しておくと良いでしょう。

どこから音が出ているかを調べるのは難しいことですが、固体音の場合でも、発生源付近の音が大きくなりますので、だいたいの場所は特定できるかもしれません。

隣戸の音の測定にあまり踏み込んでしまうとトラブルの元

ただし振動計測など、あまり踏み込んだ測定をすると、盗聴と勘違いされかねないので、素人の方にはあまりおすすめしません。

音が出ている方向をアバウトに知りたいのなら、筒状のもの、またはメガホンを天井や壁に当て、一番大きく音が聞こえる場所をさぐっていくと、「どうやらリビングよりキッチンのほうが音が大きい」とか「お風呂場のほうから聞こえる」といったおおよその場所がわかります。

場所の見当がつくと、音源の推測もしやすくなります。「洗面所で聞こえているから、洗濯機かな」とか「キッチンで聞こえるから、ミキサーかも」と推測できるわけです。音の種類が特定できれば、発生している箇所もかなり限定できるのではないでしょうか。

被害者側で音を軽減する方法は少ない

聞こえる音を何とか小さくしたいと考えるのは当然ですが、被害者側で音を軽減する方法はあまりありません。あくまで音を出しているほうで対策してもらわないと、音の問題はなかなか解決できないのです。

たとえば、上から聞こえる音を軽減するために自分の住戸につり天井を考える人もいます。つり天井とは上階との境にあるコンクリートスラブに脚をつけて、石膏ボードや合板の天井をつる方法で、床を二重にする二重床と構造は同じです。

しかし残念ながら、このつり天井は、上階からの音を防ぐにはあまり役に立ちません。それどころか、音の周波数によっては、つるした天井が振動しやすくなり、より音が増幅する〝太鼓現象〟が起きてしまうこともあります。実験では〝太鼓現象〟によって、10デシベル以上音が大きくなる場合も報告されています。お金をかけて二重天井にしても、かえって逆効果になる場合があるのです。

しかし、天井の構造を工夫することで、音を軽減する方法がないわけではありません。過去、私が関係したある地方の公営住宅の改修事例を紹介します。

ケース 11

木炭チップで大きく伝わる低音を低減

その共同住宅では、上階からの音がうるさいと苦情が相次いだため、「重量床衝撃音」を測定してみたところ、とくに低音で音が大きく伝わることがわかりました。

そこで木炭のチップを生産しているある会社に依頼して、天井裏に木炭のチップの入った袋を敷きつめ、木炭による吸音と、重さによる天井板の振動をおさえたところ、10デシベルほど、低音を下げることができたのです。

このように専門的な対策を行えば、天井の改修で十分な効果を得ることができます。ただし、木炭の種類やチップの大きさ、施工方法など、かなり専門的になりますので、改修するさいは音響の専門家に相談してほしいと思います。

ＢＧＭで音に音をかぶせるのは有効

被害者側で誰でもできる有効な対策方法は、音に音をかぶせる「マスキング」という方法です。てっとり早いのは、ＢＧＭを流すこと。できれば環境音楽など、意味がない音が流れるものがおすすめです。

この場合、聞こえてくる音と同じような周波数の音が含まれていると効果的です。たとえば、テレビの音がうるさいのなら、こちらもテレビをつけると、聞こえてくる音を特定しにくくなります。

また高い音が聞こえてきたら、なるべく高音の音楽をかけたり、低い音の場合は低音の音楽をＢＧＭにするなど同じ周波数附近の音を含んでいる音楽をかけるといいでしょう。

試しに私は他住戸から聞こえてくる洗濯機の音の周波数を調べてみました（87ページ参照）。洗濯機は機種にもよりますが、１２５ヘルツくらいの音域の音が大きいと思います。ですから、もし私が他住戸の洗濯機の音がうるさいと感じたら、**１２５**

木炭チップで「重量床衝撃音」を防ぐ

上階からの「重量床衝撃音」を、天井に木炭のチップを敷きつめることで低減させた例

天井裏に敷き込んだ木炭チップの施工途中の写真。石こうボードの上に振動を抑えるため、質量を付加し、天井裏の空間の吸音性の向上などを狙って木炭チップの入った炭袋を施工している
施工：出雲土建(株)

ヘルツまたはそれより多少低い周波数の音を多く含む音楽をBGMとして流せば、影響をかなり減らすことが可能かと思いました。

知り合いから聞いた話では、隣から重低音の騒音が聞こえてくるときは、マーラーの交響曲やホルストの「惑星」を流すと言っていました。これらの曲は管楽器の低い音が多く含まれていますので、音をマスクする効果が大きいのかもしれません。

私がマーラーとホルスト、ショパンの曲の周波数を調べてみたところ、左図のような周波数が多く含まれていました。聞こえてくる騒音に合わせてBGMの音楽を探してみるのも楽しいでしょう。

最終手段は訴訟。でも勝訴は簡単ではない

八方手を尽くしても解決しないときは、最終手段として訴訟も考えられます。ただ、個人的には訴訟は積極的にはすすめられません。というのも、被害者側が訴えても、勝訴するケースは、現実的にはそれほど多くない傾向があるからです。

マスキングに使えそうな音楽の一例

曲名	マーラー (交響曲第6番) 第1楽章	マーラー (交響曲第6番) 第2楽章	ホルスト (組曲「惑星」) 第1曲(火星)	ショパン ノクターン 作品93
dBAの平均値	62	61	63	61
63Hz (dB)	47	49	54	46
125Hz (dB)	61	59	64	61
250Hz (dB)	62	59	63	64
500Hz (dB)	55	57	59	64
1kHz (dB)	50	53	56	55
2kHz (dB)	48	52	54	54
4kHz (dB)	40	43	44	36

これらの曲は125ヘルツの周波数の音を多く含んでいるため、マスキングの音楽として適しているかもしれない。著者としては個人的にはショパンが、ピアノのテンポがよく、時間特性もいいように感じた。

※CD の再生音を自宅で測定したため、dBA の大きさは 60〜65dB とかなり低くなっている。30 秒程度の間の平均値で測定

加害者側がまったく対応しなければ、裁判官の心象が悪いので、勝訴する可能性もあります。でも、多くは苦情を言われた時点で、加害者側も何らかの努力をしています。

「こちらもいろいろ対策をとってみたのですが、思ったほどには音が小さくならないんです」と言われてしまうと、被害者側も譲歩せざるを得ません。

あとは被害者がこうむっている音の被害が「受忍限度」かどうかという問題になるのですが、ここがやっかいなのです。どれくらいの音が「受忍限度」を超えるのかという法的な根拠が建築基準法第30条以外はほとんどない点です。

「受忍限度」とは「通常の社会生活を営む上で、騒音や振動、煤煙などの被害の程度が我慢できるとされる範囲」のことです。

「お医者さんに行かなければならないほど、耐えがたい音です」といくら訴えても、なかなか認められない状況にあると考えておいたほうが良いということです。

ケース 12

客観的な証拠がなく訴えを棄却された原告

たとえばこんな事件が報告されています。

あるマンションの上階で子どもが生まれて家族が増え、飛び跳ねる音が一段とうるさくなりました。とうとう我慢できなくなった下階の住人が、受忍限度を超えると、訴えたのです。被害者によると、子どもたちが連日騒がしい音をたて、とくに子どもが暴れ回ったり、跳んだり跳ねたりする騒音が激しかったそうです。

原告は何度も加害者側に音を小さくするための改善を求めましたが、変化はなく、やむをえず、引っ越しすることになりました。そのため加害者側に対して、「不法行為に基づく精神的苦痛による慰謝料」と引っ越し費用、新居契約費用など計100万円近くを要求しました。

ところが判決は訴えた原告の敗訴でした。裁判官の判断では、育ち盛りの子どもがいれば、この程度の音はしかたない。被告は平均的な生活を送っているのだし、原告自身もかつてこのマンションで子どもを育て上げているのだから、子どもがたてる音も受忍の限度内だとして、原告の訴えを棄却したのです。

このケースでは、被害者側が実際の騒音の程度を測定していなかったことや、騒

「どの程度が耐えられないのか」の客観的な証明は難しい！

音の頻度や状況を記録していなかったこと、苦情を申し入れたときの対応の証拠などが整っていなかったことも、不利に働きました。

私は騒音に関する紛争に専門家の立場で関与することがありますが、いつも問題となるのは「受忍限度」の客観的な根拠です。「どの程度の音が耐えられないのか、数値で根拠を出してほしい」と言われて、困ったこともあります。

被害者側が音の影響をいくら訴えても、客観的なエビデンスに乏しい現状では、被害者の要求水準が高すぎるとか、感じ方の問題とされる可能性もあります。もちろん紛争によっては、被害者側が勝訴することもありますが、事件ごとに状況が異なるので、一定した判断は難しいということになるかと思います。

「こんなにうるさいのだから、訴えたら勝つだろう」と考えるのは早計で、被害者が思うような結果にはならない場合が多々ある、ということを頭のかたすみに置いておいてください。

また、あまり大きな音ではないのに、必要以上のクレーム等を言うと、逆に上階の居住者から民法第７０９条の不法行為で訴えられるケースもあるかもしれませんので、要注意です。

被害者は加害者にもなりうることを忘れない

上下階や隣から音が聞こえるということは、自分が出す音も同じくらい上下階や隣に聞こえているということです。上階の住人の足音が下階の自分の家に聞こえているのなら、自分の足音も同じように下階に聞こえています。
「他住戸の音がうるさい ＝ 自分が出す音もうるさい」と思ったほうが良いでしょう。つまり被害者はいつでも加害者になりうるということです。そこに気づけば、上階の人の行動にも少しは寛容になれますし、自然に自分の行動にも注意を払うようになります。

音はどんなに対策をたてても、完全にゼロにすることはできません。共同住宅に住んでいる以上、自分の家の音も聞こえるし、他の住戸の音も聞こえます。お互いに思いやりと気づかいを持って、住まい方に気をつけることが大切なのです。

マンションの価値は住んでみないとわからないことがたくさんあります。立地や広さ、設備は目に見えるものですから、住んでみなくても価値は一目瞭然でわかります。でも音や結露に関しては、実際に住んでみないとわかりません。つまり実際に住んでいる人の評価や住みやすさ、快適性が、マンションの本当の価値を決めます。

もし、音の問題で訴訟を起こしたり、隣人ともめておおごとになったらどうでしょうか。「あのマンションは壁が薄くて、音がうるさいらしい」「音でトラブルが起きているマンションらしいよ」という評判がたちます。

すると、マンションの価値は一気に下がってしまいます。音の問題を必要以上におおごとにして、トラブルにするのは、マンション全体にとってもいいことではありません。マンションの価値を下げないためにも、住んでいる人たちがお互いに協力して、住まい方を考え、快適な居住性を追求していく努力が必要です。

クレームを言う側も言われる側も、「そちらが悪い」「そっちこそ悪い」という近視眼的で感情的な対立におちいってしまうと、マンションの価値を下げ、自らの首をしめてしまいかねません。そうしたことに気づくべきです。

マンションの価値を高めることは、住んでいる住人全員の共通する利益です。全員に共通する目的は「マンションの価値を下げないこと」。住人同士で争う前に、マンション全体の価値を高めるためにはどうしたらいいのか、大局的な視点に立って、解決に取り組んでいく姿勢が大切なのではないでしょうか。

第5章のまとめ

□「音を出しているのは、その住戸だ」と簡単に決めつけない。

□人間関係ができていれば、直接言いに行ってもいいが、言い方は婉曲に。管理組合など第三者を通すのもいい。

□音の記録をとる。記録の内容は、（1）音の大きさ、（2）音がする時間帯、（3）音の頻度、（4）音の種類、（5）音の発生場所、（6）経過、（7）音による影響、（8）対策の有無。記録をとるときはできるだけ内密に。

□音の具体的な数値ははかったほうがいい。測定器は役所の公害担当の部署などで貸してくれる場合も。

□二重天井にしても、上階からの防音効果は限定的。木炭チップを敷きつめるやり方もある。

□音を音で打ち消すマスキングでしのぐ方法もある。

□自分の家の音もよそに聞こえている。被害者はいつでも加害者にもなりうることを忘れずに。

□「音がうるさいマンション」という評判がたつと、資産価値にも影響する。マンション全体の価値を下げないよう手を結べるところは手を結ぶ。

第6章

管理組合の役員になったら？

管理組合には、住人の困りごとが持ち込まれます。
住人の間で音に関するトラブルが起きたとき、
管理組合はどう対応したらいいのか、
自分が役員になったときの
心構えについてまとめています。

トラブルが多いときは専門委員会をつくる

分譲のマンションでは、区分所有者で管理組合をつくり、管理会社との交渉や修繕、点検の確認、管理費・修繕積立金の管理などを行います。順番が回ってきて、役員を経験したことがある、という方も多いのではないでしょうか。

管理組合の仕事の中には、マンション内で起きているトラブルに対処することも含まれます。たとえばゴミの分別ができていないとか、ルールを破って駐車する人がいるとか、ベランダで喫煙するのをやめてほしいなど、さまざまな問題に、管理会社や管理人と一緒に対処します。

なかでもトラブルの多いのが音の問題です。管理組合に住人から「どこどこの音がうるさい」といった苦情が持ち込まれた場合、どう対処するのかは、管理組合によってさまざまです。

当事者同士にまかせて、管理組合はいっさい関与しないというところもありますし、管理組合が間に入って、解決をはかるところもあります。管理組合の体制や状

音は問題が起きる前に予防したい

況にもよるでしょう。

ただ、音に関する問題がしばしば起きるようなら、管理組合の中に音の専門委員会をもうけるのが理想だと私は思います。

専門委員会の設置は大規模修繕のさいなどに、しばしばとられるやり方です。輪番制の理事では知識不足で、なかなかフォローできない部分も、専門委員会があれば、ノウハウを蓄積して、対処しやすくなります。

音は問題が起きる前に、予防できるようにするのが理想です。専門委員会ではそうした予防法や対策なども勉強し、情報提供を行います。そうすれば、マンション全体の快適性の向上にも役立ちます。また騒音問題が起きたときにも、専門的な立場から助言や対処がしやすくなるでしょう。

被害者が感じているままの実情を聞く

もし管理組合で、音の苦情に対応するという場合は、初期対応がとても重要です。「被害を訴えている人が神経質すぎる」「それほどの音ではないのではないか」と思えても、クレームを申し立てている人にとっては切実な問題です。

まずはクレームを言ってきた人が感じているままの実情を聞き取るのが良いでしょう。思いをちゃんと受け止めてもらえたことで、被害者の気持ちがいったん落ち着くこともあります。

そのうえで管理組合でできるのは、まずは全住戸に対して、「これこれの音に気をつけましょう」といった注意喚起をうながす掲示やチラシ配布を行うことです。

管理組合によってはそれ以上、介入しないところも多いかと思います。

住民間のトラブルに管理組合が仲裁に入ると、どちらに転んでも、双方にとって100％満足がいくことにはなりません。その結果、「管理組合は偏っている」「あっちの味方になった」と逆恨みされないとも限りません。音は完全にゼロにすることはできないので、双方の歩み寄りが必要ですが、お互いが納得できる妥協点を見つけるのは難しいこともあります。

その意味でも、もし管理組合で当事者間の間に入って解決に取り組むなら、専門委員会をつくったり、専門家に依頼するなどして、客観的な見地に基づいた調査・判断を行う必要があるでしょう。

被害者、加害者双方からヒアリングを行うことになりますが、ヒアリングの最中に、その場で判断したり、どちらかに加担する意見を言うのは絶対に避けましょう。

管理組合が仲裁に入る場合、実際に音が発生している状況を確認しなければなりません。被害を訴えてきた人に「この音です」と特定してもらって、みんなで音の程度を確認します。できれば、音を出している本人にもきてもらって、音を聞いてもらうのが解決への早道です。

音の聞こえ方や感じ方は人それぞれですので、その場では「たしかにうるさくて我慢できませんね」「これくらいは大した音ではないんじゃないですか」といった個人の感想は言わないほうが良いでしょう。

あくまで、今聞こえている、この音を少しでも小さくするために、何ができるのか、音に対する対策をみんなで前向きに検討することが重要です。

住まい方のルールをつくる

騒音トラブルが起きたとき、管理組合ができることはほかにもあります。音に関するルールづくりです。日本建築学会では音をさえぎる遮音性能を示すさいに、マンション内で聞こえる音をおおまかに4種類示しています。

・ピアノ、ステレオ等の大きい音

・テレビ、ラジオ、会話等の一般的な発生音
・人の走り回り、飛び跳ねなど
・椅子の移動音、ものの落下音

この4種類が、マンション内の音に関するルールづくりをするさいには参考になるのではないでしょうか。

たとえば、「ピアノなど、楽器は夜間は演奏しない」「ステレオやラジオ、テレビの深夜の視聴は音量を下げる」「住戸内を走り回らない」「椅子の脚には防音クッションを貼るか、靴下をはかせる」「ものを落としそうな場所には部分敷きのカーペットを敷く」「深夜の生活音に気をつける」といったルールを使用細則などで定めましょう。

また最近増えているドアやサッシの開閉音に対しては「ドアや引き戸は戸当たり部分を見ながら閉める」といった項目を加えておくのも良いでしょう。

私がかつて行った調査・研究では、これらのルールを守ると、10デシベルから20デシベル、他住戸からの音を低減できることがわかりました。

このように発生する音の種類ごとに、住まい方をルールで決めておけば、効果的な対策が可能でしょう。ただし、規則で生活に制限をかけすぎると、生活が窮屈になってしまうので、多くの居住者から意見を聞き、管理組合で十分検討して、実行できるルールとすることが必要でしょう。守れないルールはつくってもまったく意味がありません。

居住者間のコミュニケーションはひじょうに効果的

上下階や隣同士が顔見知りだったり、家族構成がわかっていれば、音に対する許容範囲が広がります。よく話す親しい間柄であれば、ものも言いやすく、さらに許せる範囲が広がるでしょう。同じクレームでも言いやすくなったり、自分が音を出すほうなら、最大限、気をつけるようになります。

ですから、管理組合では、住人同士のコミュニケーションがとれるような仕組みを考えると良いと思います。あるマンションでは近くの公民館から餅つきの臼と杵を借りてきて、年末にマンション総出で餅つきを行い、お互いの親睦を深めました。

また別のマンションでは自治体の花火大会の日だけ屋上を開放。缶ビールやジュースとおつまみを配り、住人同士おおいに盛り上がるそうです。

防災訓練として、地震体験車や煙体験テントを自治体から借り受け、防災意識を高めたマンションもあります。

なお、これらの催しものにはできるだけ多くの居住者に参加してもらえるようなアイデアが必要です。毎回同じ人たちだけが集まり固まってしまうと、逆に分断が生まれて、全体のコミュニケーションをとることにはならない可能性があります。

ケース13

当番を上下階の人たちで担当

私が調べた事例では、ごみ出し当番や管理組合の役員の順番を、同じフロアの横方向で隣に回すのではなく、縦方向で、上下階に回す方法をとっていました。つまり当番を、1階、2階、3階、4階というように、上下階の人たちで担当するのです。

同じ階の住人とは顔を合わす機会はあっても、階が違うと顔見知りになるチャンスはなかなかありません。でも上下階で同じ当番になれば、自然に会話が増えます。上下階で起きがちな「床衝撃音」などの騒音トラブルの防止にひじょうに役立っていたのです。

こうした仕組みづくりに管理組合が積極的に取り組めば、騒音に限らず、さまざまな住人同士のトラブルもこじれる前に話し合いで解決できるのではないでしょうか。

建物そのものに欠陥がある場合はどうする？

管理組合に「このマンションは壁が薄くて、音が筒抜けだ。欠陥マンションではないか」と相談が持ち込まれることがあります。マンションの欠陥については、横浜で建物の基礎の杭打ちに手抜きがあり、傾いてしまったマンションがあり、欠陥を認めた開発業者が建て替え費用その他をすべて負担したケースがありました。

同じように「うちのマンションも音が聞こえすぎるから、どこかに欠陥があるのではないか」と考える方がいても不思議ではありません。しかし、すべてのマンションは建築基準法に決められた遮音性能に基づいて施工されているはずです。欠陥を問えるケースはあまりないと思われます。

建築基準法の仕様や遮音性能をたとえギリギリであっても守っていれば、「欠陥」を問うのは難しいでしょう。「欠陥」とは必要なものが欠けていたり、不備な点を意味していて、設計や施工のミスによって、安全上の問題が生じている状態を表すときに使われます。

いくら壁が薄くて、音がよく聞こえたとしても、界壁が建築基準法を満たしていれば、そもそも欠陥とは言いがたいと思われます。

ケース14

なんと穴の埋め戻しがされていなかった

私が以前担当したトラブルで、施工会社の責任が明らかになったケースを紹介しましょう。このケースでは、設計図を見る限り、建築基準法を満たした材料や仕様でつくられていました。しかし、上の階の音が下の階に筒抜けだったのです。

上階との境の天井をはずしてみたら、なんと境のコンクリートに直径1メートルほどの大きな穴があいていたのです。この穴は、マンションを建てるとき、骨組みや材料を運搬するためにあけるもので、ふつうは当然埋め戻すものです。しかしこの部屋の天井では埋め戻しが行われておらず、ぽっかりと大きな穴があいたままだったのです。

その穴の上に、上の階では床材を、下の階では天井の天板をはりつけただけだったのですから、これでは音が筒抜けになるのも無理はありません。

このケースではもちろん施工の「欠陥」となり、訴えた人の要求をすべて受け入れて解決にいたりました。「欠陥」を問うには、これくらいはっきりした根本的な不備の存在が必要でしょう。

もしマンション全体の問題として、あまりに音が響きやすいということなら、マンションの設計図を検証したうえで、管理組合として界壁の構造や床のスラブ厚を調べてみてもいいかもしれません。でも建築基準法を守らないケースはほぼないと思われますので、「欠陥」を問うのは難しいでしょう。

「瑕疵」を問うことはできるか？

「欠陥」とよく似た言葉に「瑕疵《かし》」があります。「瑕疵」とは、「破る」「失敗」「無効」などを意味する言葉です。建築の世界では、建物に本来あるべきものが欠けていることを指し、軽い程度のものから大きなものまで含まれます。民事上では発注した人や購入者が要求した内容に適応していないときに「瑕疵」と扱われます。

たとえばパンフレットに「音に配慮したマンション」「遮音性能は何デシベル」などの記載があり、それを信じて購入したのに、住んでみたら音が丸聞こえだった、というようなケースなら「瑕疵」に問われる可能性がないわけではありません。つまり「瑕疵」は双方の約束ごとや契約に反したときに使われる「主観的な判断に基づく言葉」といえます。

あくまでマンションの販売時において、静かさを売りにする文言や約束があったのかどうか、そのことが文書として残されているのかどうかなどが争点になると思います。もしそうした契約があって履行されていないということなら、「瑕疵」が問える可能性があります。

また「瑕疵」が問えなくても、管理組合から分譲会社や施工会社と交渉して、改善策を考えてもらうのはあるかもしれません。

なお「欠陥」と「瑕疵」は線引きが難しく、両方が重なる部分もあります。概念でいえば、「瑕疵」は「欠陥」を含む言葉として使われているようです。

ケース 15

遮音性能を確保する責任を追及し訴訟に

参考までに、建物の遮音性をめぐって訴訟になり、設計・施工会社が責任を問われた事例をご紹介しましょう。ある地方で賃貸用のアパートを新築した大家さんがいました。ところが、居住者から隣の話し声やテレビの音が丸聞こえで、プライバシーが守れないとして賃貸者から賃貸契約の解除が続いたり、住人間でのトラブルが起きました。

そのため大家さんが建物を設計、施工した会社を相手どって訴訟を起こしたのです。専門家が現場を調査したところ、隣戸との境の壁（界壁）の仕様は建築基準法にもとづく国土交通大臣の認定を受けたものでしたが、室内ではかった音の大きさは建築基準法で定める遮音基準に対応する性能に達していませんでした。

つまり壁の材質や厚さに問題はなかったのに、隣戸の音は基準値に相当する以上の大きさでもれ聞こえていたのです。原因は窓のサッシを迂回して伝わる音（これを「迂回路伝搬音」といいます）でした。設計者がサッシを迂回して入ってくる音の影響を考えずに設計したために、隣戸の音が予想以上に聞こえてしまったわけです。

たとえ建築基準法に合致する材料や厚さを確保していても実際の部屋で建築基準法に対応する遮音性能が守られていない場合、設計者の責任が問われるのです。

このように、マンションを建てた設計・施工会社には建築基準法に定められた基準に相当する遮音性能を確保する責任があります。壁や床の材質や厚さ、仕様には問題がないのに、音が聞こえすぎるというときは、ほかに原因がある可能性もあります。専門家を入れて、調べてもらうのもいいかもしれません。

第６章のまとめ

□管理組合内の組織に、音に関する専門委員会をつくると対処がしやすい。

□まずは加害者を特定せず、注意喚起をうながすビラを掲示、または配布する。

□仲裁に入る場合は、被害を訴えてきた人、訴えられた人の両者の言い分を中立的な立場で聞き、その場では判断しない。

□管理組合として騒音に対する住まい方等のルールづくりをする。

□ルールづくりのさい、参考となる騒音は次の４つ。（１）ピアノ･ステレオ等の大きい音、（２）テレビ･ラジオ、会話等の一般的な発生音、（３）人の走り回り、飛び跳ねなど、（４）椅子の移動音、ものの落下音。

□居住者間のコミュニケーションがはかれるよう、ルールづくりやイベントなどを工夫する。

□建物に問題があるときは、管理組合として設計・施工会社と交渉し、音を低減させる方法があるか、提案してもらう。「欠陥」を問うのは難しい面もある。

第7章

リフォームするさいに気をつけること

カーペット敷きをフローリングに変更するなど、
リフォームしたことによって、
「前より音がうるさくなった」
というクレーム事例が頻発しています。
安易なリフォームは禁物です。
この章ではリフォームするときに
気をつけるべきことをあげています。

リフォームの増加とともに音のトラブルも増える

国土交通省によると、集合住宅のストック数は増加が続いています。平成30年末には約655万戸となり、総住宅戸数の1割を超えるにいたっています。一般にリフォームは築後20～40年程度で行われることが多いため、築年数の古いマンションのストックが増加するにつれて、リフォームのニーズも増えてきます。

さらに住む人の高齢化にともなって、バリアフリー化へのリフォームが増えますし、より質の高い住戸空間へのこだわりもリフォーム需要を促進させます。

一方で、リフォームにともなう苦情や騒音の訴えも増えています。私がかかわっている「公益財団法人住宅リフォーム・紛争処理支援センター」に寄せられる電話相談でも、音に関するものが上位を占めています。

また、私が自主研究として実施した、東日本大震災時に建設された仮設住宅の約300世帯を対象に行ったアンケート調査でも、困りごとのトップは音（2位は結露）でした。

リフォームをするさいには、音の改善を意識した工事を行い、少なくとも、リフォーム前より音がうるさくならないように、十分な注意を払う必要があります。そうしないと、せっかく室内を居心地よくリフォームしたのに、音を気にして、萎縮した生活を送らざるを得ないことにもなりかねません。

こんな話を聞いたことがあります。居室の床をカーペットからフローリングにリフォームしたある住戸の住人から聞いたのですが、その家では下階から「足音が響く」というクレームを何度か受けてしまいました。

そのため、家族全員ビクビクしながら忍者のようにすり足で歩いているうちに、ふだんでもすり足で歩くくせがついてしまい、会社の同僚から「おまえ、最近、歩き方が変だぞ」と注意を受けたそうです。

これではせっかくリフォームをしたのに、居心地の良い空間どころか、人間としてごくふつうの生活さえ送れないことになってしまいます。そうならないためにも、安易なリフォームに飛びつかず、リフォーム後の生活もしっかり見すえた計画が重要です。

音の改善を意識したものにする

リフォームでは、部屋の機能やデザイン、断熱だけでなく、音に関しても改善も考えたものにしましょう。

とはいってもマンションのリフォームでは床や壁の厚さなど、躯体そのものに手を加えることはできません。また何度も繰り返しますが、「重量床衝撃音」に関しては、現状では躯体に手を加える以外は、音を軽減する効果的な解決策はあまりありません。できることは、「軽量床衝撃音を小さくする床材を選ぶ」と、「交換できる設備系（バス、トイレ、エアコン、室内の扉や引き戸など）を消音タイプのものにする」です。

注意すべき点としては、次のことがあげられます。

床　↓　遮音性能の高い床材を選ぶ

窓　↓　インナーサッシをつけて、窓からもれる音（「迂回伝搬音」）を小さくする

ともに外部からの音を低減する

配管類↓　取り付ける場所や取り付け方法、流れる水量に配慮する

建具　↓　戸が当たる戸当たり部分にクッション材をつけたり、ゆっくり閉まる消音タイプの建具を使う

事前の準備として、リフォーム前の室内の音や住戸間の遮音性能の測定を専門家に依頼することをおすすめします。というのも、リフォームによって音が前より伝わるようになると、隣や上下階の住人はそのことにとても敏感になります。その結果、最悪の場合、訴訟に発展するケースが多々あるからです。

無用のトラブルを避けるためにも、リフォーム前に音の状況をはかっておき、工事によって、その性能が低下していないことを数字で示すことが大切です。

もっとも音の程度をもれなくはかるには、隣戸や上または下階の住戸に入らなければならず、現実には難しい面もあるでしょう。私自身も、隣の住戸の部屋の音をはかろうとして、「家の中に入らないでください」と断られた経験があります。

しかし、最低でも、自分の家の中での、音の大きさや聞こえ方ははかっておいた

ほうがいいと思います。

また床材や設備機器などのカタログには音に関する性能が記されているものもたくさんあります。

たとえばトイレなら流れる水量が少なく、発生音も小さい節水消音タイプがありますし、給水栓も音の小さい蛇口や水滴が細かいシャワーヘッドなどがあります。室内の引き戸には、最後の数センチのところで止まり、戸当たり音を軽減する仕組みを取り入れた建具もあります。

そうしたものを吟味し、施工業者ともよく相談のうえ、少なくとも音の聞こえ方に関しては現状以上にならないよう注意してください。

要注意！ カーペットからフローリングへのリフォーム

リフォームにともなう音のトラブルで一番多いのが、上階のリフォーム後に、前より上階からの音がうるさくなったという苦情です。とくにカーペット敷きの床からフローリングに替えたときは、ほぼ間違いなく下階の住人は上階からの音がうるさくなったと感じます。

カーペットからフローリングにリフォームするさいは、苦情が起きるのを前提として、どう対処するか、考えておく必要があります。

カーペット敷きの場合、下階に聞こえる音はコンクリートの厚さやカーペットの種類にもよりますが、だいたい「L_L-45」くらいの遮音性能です。それに対して、現在、フローリングの床材は、音を防ぐ程度によって、「LL-60〜LL-40」まで細かく性能がわかれています。

なお、床材の商品に記載されている「LL-○○」の値は、コンクリートスラブが150ミリメートルの床に施工した場合の推定遮音性能です。

遮音の性能が高くなればなるほど、価格があがりますが、そこをケチって、近隣の住戸と気まずくなったり、音を気にして24時間、ビクビクしながら生活するようになっては元も子もありません。

もし現状がカーペット敷きなら、カーペットの遮音性能は「LL-45」と考え、フローリングの床材も「LL－45」以上に相当する製品を選ぶことを強くおすすめします。管理組合では、「リフォームのさいの床材はLL－45相当以上」といったルールをもうけているところもたくさんあります。そうしたルールを守るのは当然です。

それでもカーペット敷きからフローリングへのリフォームは、クレームが起きやすいと覚悟しましょう。下の階や隣の住戸の住人にしてみれば、リフォーム後の生活音が、リフォーム前とくらべ、多少でも大きくなると、それは突然のことであり、心理的に大きな影響を与えます。突然の音の聞こえ方の変化に、人は敏感になりやすいものと理解しておいてください。

同じ「LL－45」でもカーペットの「LL－45」とフローリングの「LL－45」では、音質が違うので、受け取るほうの聞こえ方が違います。

遮音性能は同じ「LL－45」なので、性能値としては同じはずですが、受け取る側はそうは感じないというわけです。

リフォームするさいは、こうしたことも考慮し、「自分の住むところさえ快適になればいい」という態度はぜったいに取るべきではありません。

もしカーペットからフローリングに替えたことで、音がどうしてもうるさくて我慢できないと言われたときは、フローリングの上にラグや部分敷きカーペットなどを置くことを考えましょう。

かくいう私の家も、リビングではフローリングの上にじゅうたんを敷き、椅子を引く音や歩く音をやわらげる工夫をしています。

ケース 16

床の床衝撃音遮音性能が低下すると大事《おおごと》になる

こんな例がありました。ある業者が床材の遮音性能について十分な知識がなかったために、「LL−60」という遮音性能の低い安価な床材をリフォーム時に使用してしまったのです。

それ以前、この住戸では「LL−45」の性能を示すカーペット敷き込みとなっていたのです。このリフォームによって、下階に住む人には「L_L−45」から「L_L−60」へと遮音性能が低くなったため、ひじょうに音の聞こえ方が大きくなってしまったわけです。

下の階の住人がリフォーム業者を訴え、業者は敗訴。改修するための費用と損害賠償金を支払うことになりました。
また、ある住戸では、リフォーム後に、下階に住む茶道の先生が、「音がうるさくなったので、このお金で音が小さくなるよう改修してください」と100万円の札束を持ってきたこともあったそうです。

このように、リフォーム以前より明らかに音が大きくなり、しかも床材の遮音性能が低下している場合は、さまざまな問題が生じてしまいますので、音の問題にはくれぐれも注意しましょう。

業者との契約では遮音性能に関して一筆入れる

業者にリフォームを依頼するさいには、契約条件として「現状より遮音性能を落とさないこと」という一項を入れてもらうといいと思います。そのさい、できればリフォームの前と後で性能値をはかるという一項を入れるのが理想です。

たとえば「壁の遮音性能は現状は50デシベルなので、リフォーム後も50デシベルをクリアしてほしい」「床の遮音性能は現状はL_L-45なので、リフォーム後もL_L-45をクリアしてほしい」といった条件です。

業者はいやがるでしょうが、あくまでも住むのはこちらですので、譲れない点はしっかり伝えたほうがいいでしょう。

またわからないことがあれば、どんどん質問するべきです。営業担当者ではわからなくても、会社には必ず一級建築士がいるはずです。「隣接する住戸に音を伝えないようにするのを最優先にしてください」「上下階の音が心配ですから、音に配慮した材料、構造でお願いします」と頼んでみましょう。

あらかじめ、そうした要望を伝えておけば、たとえば空調機の取り付けひとつにしても、室外機の脚部に置く防振ゴムをあらかじめ用意するといった配慮をしてくれると思います。

「騒音に配慮したリフォームにしてほしい」と最初に業者に伝えておくのと、おかないのとでは、大きく違いますので、そのあたりはとくに気をつけましょう。

工事音にも配慮しよう

リフォーム工事中はさまざまな種類の大きな音が出ます。たとえばリフォームでは、現在の住戸にある床材や設備などを撤去する解体作業があります。このさいには電動カッターで切断する音や電気ドリルの音、ハンマーでたたく衝撃音、釘打ちの音など、多くの騒音が出るでしょう。

その多くはマンションの躯体に直接響くため、音の大きさはひじょうに大きなものになり、80～100デシベル（電車の走行音や車のクラクションと同じレベル）に達することもあります。たとえば鉄筋やコンクリートをダイヤモンドカッターという工具で切断すると、下の階に響く音は最大で100デシベルにも達します。**音が80デシベルを超えるようになると、訴えられるケースも出てくる**ので、注意してください。

ケース 17

工事の騒音に耐えかねて裁判に

あるマンションで上階の住人がひと言の断りもなく、躯体のみを残して、丸ごとリフォームするスケルトン工事を行いました。

下階は夫婦に子ども2人の4人家族でしたが、専業主婦の奥さんは終日家にいるために、リフォームの工事音を一日中聞かされるはめになりました。丸ごと改造するスケルトン工事でしたので、工事期間は約3カ月にも及びました。

騒音にたまりかねた奥さんは、音がしている日時や音の大きさ、推定される場所などを克明に記録。裁判に訴えたのです。裁判では、その記録と工事日誌を照らし合わせ、音の被害を認定しました。そして、家族4人に対して、100万円近い損害賠償金を支払うよう命じたのです。このように居住者がいるマンションでリフォーム工事を行うさいには騒音対策にも配慮が必要、という例です。

また、別のケースでは精神的な苦痛も含めて1日当たり100万円×日数分として、数千万円の損害賠償と慰謝料を求められたこともあります。もちろんこれほどの高額な金額は認められませんでしたが、被害者にとって工事音はそれくらい苦痛だったというわけです。

このように、リフォーム工事でどうしても発生してしまう音に対しても、対応を誤ると、裁判ざたになってしまうこともあります。

リフォーム工事をするさいは、必ず管理組合に届け出て、時間帯や工事日など、決められたルールを守るとともに、同じ階や上下階の住戸には事前にお知らせの文書を配布しておきましょう。**顔見知りの場合は、ひと言、「ご迷惑をおかけします」と頭を下げておく**のもいいと思います。

なお、今は工事の機械にも低騒音をうたったものが出ています。工事業者にはそうした機械を使うよう、あらかじめ頼んでおきましょう。

間取りや水回りの変更は上下階の間取りを考慮して

部屋全体をリフォームするスケルトン工事では、水回りの位置を変えたり、間取りを変更することもあります。しかし、**上下階の間取りを無視したリフォームを行うと、トラブルになることがあります。**

ある住戸で、キッチンの位置をずらして、今はやりのアイランドキッチンにリフォームしました。その結果、キッチンまでの配管が今までより長くなり、下の住戸のリビング上を横断することになったのです。

上階でキッチンの水を使うたびに、下階のリビングで給排水の音が響きます。これでは家族がくつろげません。

これは隣接住戸の間取りや配管を考えずに、リフォームをしたために起きた問題です。そのほか、従来寝室として使っていた和室をぶちぬいて洋室とつなぎ、リビングに変えるという間取り変更をしたために、下階で寝室として使っている和室ではしじゅう上階の生活音に悩まされることになったケースもありました。

マンションは上下階が同じ間取りのところが多く、家族構成が似ていれば、部屋の用途も同じような使い方になります。和室は寝室として使っていることが多いはずですから、そうしたことも配慮して、間取り変更も慎重に行う必要があります。

第７章のまとめ

□リフォームが増えるとともに、音に対する苦情も増えている。

□リフォーム前より音がうるさくならないようにするのが、リフォームの絶対条件。

□リフォームで床、窓、配管、建具を交換する場合は、それぞれの遮音性に配慮して行う。

□「前よりうるさくなった」と言われないために、リフォーム前にできれば隣接住戸の室内の音を測定しておこう。

□床材をカーペットからフローリングへ変更するときは、「音がうるさくなった」と言われるので要注意。

□床材は「LL-45」か「LL-40」の製品を使うように。

□業者には「現状より遮音性を下げないように」と念を押す。契約書にもそのむね盛り込むのが理想。

□リフォーム時の工事騒音にも注意しよう。低騒音型の機械もあるので、それを使うよう業者に依頼する。

□間取りや水回りの大きな変更は、上下左右の隣接住戸の居室配置に気をつけ、影響がないように注意する。

第8章

買うときはここをチェック

マンションを購入するさい、
見落としがちな音に関する
性能チェックのポイントをあげてみました。
モデルルームで質問すべきこと、
間取り図の見方など、
これから購入する人に
参考になる情報を列挙しています。

国土交通大臣の特別認定を受けた界壁ですか？
住宅性能表示でいう何特級の性能ですか？
基準法の値をどれほど上回っていますか？

国土交通省の「住宅性能表示制度」をフルに使おう

マンションのモデルルームは夢をかきたててくれる場所です。愛想のいい営業担当者が素敵なモデルルームで、夢の生活を提案してくれます。

でもその雰囲気にだまされてはいけません。賃貸と違って、一度購入したマンションは、何かあったからといって、簡単に引っ越すことはできません。それに多くの方は長期間にわたる住宅ローンも組むことでしょう。

もしかしたら一生、そこに住むかもしれないリスクと長期の住宅ローンの負担をしっかり考え、物件は慎重に選ぶようにしましょう。

マンションの立地や周辺環境は自分で調べられるとして、大切なのは目に見えないマンションの性能（音の聞こえ方や遮音性能、断熱性能、耐震性、防犯・防火性能、維持管理など）です。

国土交通省では、これらの項目に対して、その建物がどの程度の品質性能を持っているのかを示すための「日本住宅性能表示基準」を定めています。これは「住宅の品質確保の促進等に関する法律」に基づいて運用されているものです。

第三者機関が基準にそって、その住宅の性能を数値化して表すのですが、マンションの品質が客観的な数字で示されるため、購入者にとっては複数のマンションを比較検討でき、たいへん便利な制度です。

等級数の数値が高いほど、品質が高いマンションになります。

しかし残念ながら「住宅性能表示」を行うことは任意なので、表示を行っていないマンションはたくさんあります。逆にいうと、「住宅性能評価書付き」とうたっているマンションはよほど品質に自信がある、といえるかもしれません。


しかし、かりに購入しようとするマンションがこの評価を受けていなくても、「日本住宅性能表示基準」にあげられている項目自体はマンションの品質を知るさいに、参考になりますので、モデルルームではこの基準に基づいた質問をするといいでしょう。

「日本住宅性能表示基準」は以下の10項目です。なお具体的な品質の等級数については国土交通省の「住宅の品質確保の促進等に関する法律コーナー」で告示のＰＤ

Fを見ることができますので、興味がある方はご覧になってください。

1　構造の安定に関すること

これは地震や台風などに対する強さの性能です。たとえば耐震性については、「数百年に一度発生するような地震の1・5倍の力がかかっても、倒れないもの」は「等級3」に、「数百年に一度発生するような地震で倒れないもの」は「等級1」といったように、等級づけがしてあります（等級の数字が高いほど、品質の高いマンション）。

モデルルームでは「このマンションの耐震性はどうなっていますか」「住宅性能表示基準に基づく耐震等級はどれくらいですか」と聞いてみましょう。

2　火災時の安全に関すること

各住戸に火災感知器があるのか、自分の家以外で火災が起きたときの警報装置はあるのか、避難経路や緊急脱出のための対策はどうなっているのかなど、火災のときの安全に関する品質等級です。

「このマンションの火災時における避難対策を教えてください」「住宅性能表示基

住宅の品質性能は10項目で示される

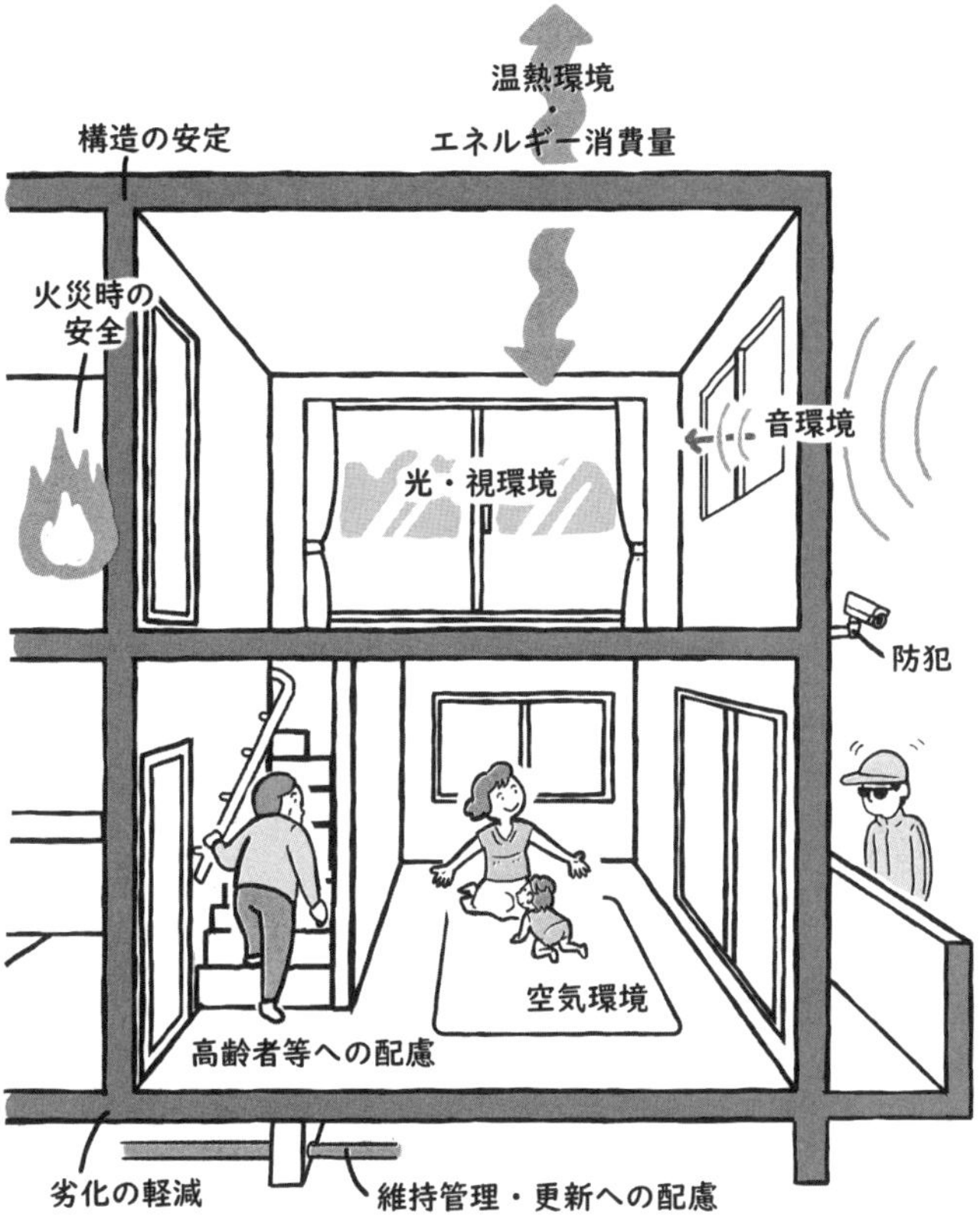

住宅の品質は 10 項目のものさしではかる。全国に 100 以上ある評価機関が評価を行うが、評価を受けるかどうかは任意。

準に基づく防火に関する等級数はどれくらいですか」といった聞き方でいいと思います。

3　劣化の軽減に関すること

マンションの躯体に使われている鉄筋などの材料の劣化を遅らせるための対策について等級が等級3～1までつけられています。

たとえば、清掃や点検がふつうに行われていた場合、躯体の材料の交換など大規模な改修工事が必要となる期間が75～90年なら「等級3」、建築基準法に定める対策が講じられている程度なら「等級1」といった具合です。

「このマンションの住宅性能表示基準に基づく劣化対策の等級と比較して、どれくらいの性能ですか」という聞き方でいいでしょう。

4　維持管理・更新への配慮に関すること

給排水管やガス管は築後何十年もたつと、劣化が進み、漏水やガス漏れの原因になります。しかし、これらの配管は建物の中に隠されていることが多く、点検や補修が難しいことがあります。「日本住宅性能表示基準」では給排水管やガス管の点検や補修のしやすさについても等級づけを行っています。

「排水管やガス管の配管はどうなっていますか」維持、管理がしやすいような対策がとられていますか。「住宅性能表示基準に基づく等級に対応させるとどの程度になるか教えてください」といった聞き方をしてみましょう。

5 温熱環境・エネルギー消費量に関すること

省エネ対策に関する項目です。建物の断熱性や気密性、夏の日射をさえぎる対策などについて、経済産業省の「エネルギーの使用の合理化等に関する法律」（省エネ法）に基づいて、等級づけが行われています。

「このマンションの断熱性能、方法はどうなっていますか。省エネ法に基づく等級数はどれくらいですか」と聞いてみましょう。

6 空気環境に関すること

これは建材に含まれる化学物質や換気についての項目です。ホルムアルデヒドなどの有害物質に配慮された建材が使われているかについての等級づけや、室内に十分な換気対策が行われているかについての目安が示されています。

「このマンションではどのようなホルムアルデヒド対策が行われていますか」とか「室内の換気対策、換気量はどうなっていますか」と聞いてみましょう。

7　光・視環境に関すること

光や眺めを左右する窓はどれくらいあるのか、窓の面積と位置について評価を示しています。東西南北のどの方向に窓があるのかは、間取り図でも確認できますが、それがどれくらいの大きさ（面積）なのかはわかりません。モデルルームでは窓の大きさも聞いてみましょう。

8　音環境に関すること

マンションの床や壁、外壁の窓の遮音性に関する評価項目です。上下階をわけるコンクリートのスラブ厚や床の「床衝撃音遮音性能」のレベル、隣戸との境の界壁の遮音性能、サッシの遮音性能が等級数で示されています。

この項目については181ページ以降で詳しく説明します。

9 高齢者等への配慮に関すること

バリアフリー化がどの程度とられているかについて示されています。段差が少なく、車椅子での移動が容易であればあるほど、高い等級づけがなされています。また出入り口や廊下、トイレなどに手すりをつけた場合の広さが十分確保されているかも、評価のポイントになります。廊下の幅が足りないと、手すりをつけたときに、車椅子が通れないということにもなりかねません。

また、住居内の専用部分だけでなく、共用部分であるエレベーターや共用廊下、階段にも配慮があるかどうかも評価されています。マンションに長く住むことを考えると、高齢になったときの住みやすさも考慮しなければなりません。こうした点も忘れずに聞いてみましょう。

10 防犯に関すること

窓やドアなどに侵入防止対策が行われているかが示されています。地面や共用廊下から窓までの距離やベランダから窓までの距離も評価の対象です。防犯対策がどうなっているのか聞いてみましょう。

モデルルームでは、前にも書きましたが、パンフレットだけではわからない、住宅の品質についての質問をしていきましょう。現場にいる営業担当者では詳しくは答えられないこともありますが、社内には必ず詳しい人がいます。**現場で答えられなければ、後日、必ず答えをもらいましょう。**

なおよくあるケースとして、「うちは独自の厳しい社内基準を設けていて、その基準はすべてクリアしています」「社内仕様にのっとって適正に行っているので、心配ありません」といった答え方です。

しかし、私たち購入者側としては、あいまいな「社内基準」ではなく、第三者的な性能評価がほしいのです。

そのときは、「その社内基準を見せてください」「社内基準は住宅性能表示基準で示すとどうなりますか」、さらには「その基準は日本建築学会等の提案値で表すとどれくらいですか」といった聞き方をしてみましょう。

日本建築学会ではさまざまな項目に対して、望ましい数値を出しています。「社内基準」をつくるときは、そうしたものを参考にしてつくっているはずなので、社内には必ずわかる人間がいるはずです。

営業担当者は面倒がるかもしれませんが、販売会社には、消費者の求めに応じて、それらの説明を行う義務があることを知っておいてください。

界壁と床スラブの厚さは必ず確認

モデルルームで聞くべきことはいろいろありますが、音に関する質問は忘れずに行いましょう。モデルルームの営業担当者は、音環境に関する知識が少ない人が多いので、嫌がられるかもしれませんが、購入して居住後、すぐにこの問題に直面しますので、詳しく聞いておくべきです。

忘れないで聞くべき点は以下の2点です。

1　隣戸との壁（界壁）の厚さ、または遮音性能

2　上下階の境のコンクリートの厚さ（スラブ厚）、または「床衝撃音遮音性能」

（「重量床衝撃音」「軽量床衝撃音」の両方）

大切なことなので、ひとつずつ説明します。

1　隣戸との境の壁の厚さ（界壁）のポイント

これは隣の住戸の話し声やテレビの音など生活音がどれくらいもれ聞こえてくるかと直接関係してきます。

界壁に関しては建築基準法第30条で最低限の性能が決められています。ただし、最低限の基準では音がそこそこ聞こえると思ってください。人にもよりますが、隣戸からの音が気にならない程度の壁の厚さは180ミリメートル以上です。

ただし高層の建物になると、上階になればなるほど、建物を軽くするために、界壁は薄くつくられています。そのかわり壁の間に空気層がつくられ、音が伝わりにくい構造になっています。単純に壁の厚さだけで、比較できない場合もあります。

国土交通大臣の特別認定を受けた界壁ですか？
基準法の値をどれほど上回っていますか？
住宅性能表示、でいう何特級くらいの性能ですか？

モデルルームでの聞き方は決めておく

建築基準法では、音がどれくらい妨げられるか、「透過損失」の数値で基準を示しています。たとえば125ヘルツの音なら「透過損失」は25デシベル以上、500ヘルツの音に対しては40デシベル以上、といったように、3つの周波数（125ヘルツ、500ヘルツ、2キロヘルツ）に対して最低の数値が並んでいます。

初心者の方では説明されてもわかりにくいと思いますので、単純に「基準法の値をどれほど上回っていますか」「国土交通大臣の特別認定を受けた界壁ですか」「住宅性能表示基準でいう何等級の認定を受けていますか（この場合は等級数の数字が大きいほうが遮音性に優れている）」という聞き方で良いと思います。性能に対する判断は、現状では「日本住宅性能表示基準」で「等級３」（Rr-50以上）でいいと思います。

2　上下階の音のポイント

「重量床衝撃音」と「軽量床衝撃音」についてそれぞれわけて、評価基準が決まっています。

▼足音などの「重量床衝撃音」

まず、「重量床衝撃音」ですが、上下階の境のコンクリートの厚さ、すなわち単純にスラブ厚のみでいうなら、２００ミリメートル以上あるものをおすすめします。それより薄いスラブ厚なら、「床衝撃音」に対して、真下の住戸ではどれくらいの遮音性能を想定しているのか、また対策方法などを聞いておいたほうがいいでしょう。なお「重量床衝撃音」の遮音性は必ず「L_H値（重量床衝撃音）」の数値で聞くこと。「重量床衝撃音」を気にしているのに、「軽量床衝撃音」の「L_L値（軽量床衝撃音）」の値で聞いても、意味はありません。**目標値としては、「L_H-50」以上をおすすめ**

します（L値については191ページ以降で詳しく説明しています）。

最近ではコンクリートスラブ厚300ミリメートルという遮音性を重視したマンションも販売されています。しかしスラブ厚が厚すぎると、建物全体が重くなり、耐震性に影響が出てくることがあります。耐震性とのかねあいが重要です。

また、床材には、遮音性能の高さをうたったものもありますが、「重量床衝撃音」に関しては、思ったほどの効果はない製品が多いのです。

少し専門的になりますが、使われている床材で「重量床衝撃音」をどれくらい、小さくできるかという試験結果を要求し、とくに63ヘルツにおける値が0以上となっていることを確認しておくといいでしょう。0とは床材を施工しても遮音性能は変化しないという意味になります。なお、この試験方法は日本産業規格 JIS A 1440-2 に決められています。ですから、この試験方法にもとづいた測定結果が信頼できると思います。「住宅性能表示制度」の「評価方法基準」でも同様な方法が規定されています。

二重床の場合は、「重量床衝撃音」の音の低減量が小さい床材を使うと、99・100ページで記したように、下の住戸への音は大きくなってしまうことがありますので、どのランクの床材が使われているのかは確認しておきましょう。

▼食器など軽いものを落としたときに響く「軽量床衝撃音」

一方、「軽量床衝撃音」ですが、こちらは床材によってある程度、音を小さくできます。「L_L-45」や「L_L-40」であれば、かなり高性能な床と判断できます。モデルルームで床衝撃音について質問するときは「L_H値」と「L_L値」の両方の数値を聞いてみましょう。「重量床衝撃音」と「軽量床衝撃音」の両方に対して、日本建築学会が推奨する「L_H-50」「L_L-45」となっているのが理想です。

なお、このときに答えてもらった数値や構造仕様は、契約項目として売買契約書に追記しておくことをおすすめします。

フリープランは水回りの位置に注意して

マンションの中には、引き渡し前に自由に間取りを変更できるフリープランを導入しているところもあります。家族構成やライフスタイルに応じて、自分仕様に変えられるのは魅力ですが、注意すべき点もあります。

それは上下階や隣戸との間取りの関係です。リフォームのところでも述べましたが（168ページ）、水回りを上下階の寝室やリビングの位置に持ってくると、給排水の音がうるさいという苦情がくるかもしれません。隣戸の寝室の横に水回りを移動しても、同様に配管の音が聞こえるでしょう。

間取りを変更する場合は、こうしたこともよく考えて行いましょう。水回りは上下階や隣戸と同じところに集めるのが無難です。そのためにも、上下階や隣戸の間取りを見て、対策の有無等を確認しておくのは必須です。

「どういう人たちが住んでいるのか」も重要

マンションは共同住宅ですので、どういう人たちと住むことになるかも、居住性におおいに影響します。中古マンションを購入するときなら、住んでいる人がわかりやすいのですが、新築マンションでモデルルームを見学した段階では、誰が住むのかわかりません。しかし、マンションのタイプからおおよその推察はできます。

たとえば通勤に便利な、中心部に近い駅近のマンションなら、共働きの人が多く、生活は夜型になる可能性があります。終日家にいる高齢の夫婦の上階に、残業の多い共働きの夫婦が住むと、夜間の音がうるさいと感じ、トラブルになる可能性が高くなります。

ケース18

自分とは正反対の生活時間帯で活動する隣人

ある訴訟では、上階の人がいつも夜中すぎに戻ってくるのですが、そのさいの生活音もさることながら、ペットの犬が飼い主の帰宅に喜び、ワンワン吠える事例がありました。そのため、下階の人は、睡眠不足などによる、体の不調を訴えたのです。このように生活パターンが昼夜正反対だと、音のトラブルは起きやすいのです。

ですから、できるだけ自分と似た生活時間帯で活動する人たちが住むマンションを選ぶほうが無難です。ファミリーならファミリータイプ、独身なら独身者向けのマンションを選んだほうが良いということです。ファミリータイプとワンルームや

1DKの部屋が混在していると、生活時間帯やライフスタイルの違いから、音だけでなくいろいろなトラブルが起きやすいと推測されます。

また駅からバス便の郊外型のマンションだと、小さい子どもがいるファミリー層が多いと思われます。子どもがいると、「音がうるさい」というクレームが20％程度増えるといわれています。

自分の家にも子どもがいれば、よその子どもの音にも寛大になれますが、静かに暮らしたい人には厳しい環境になることもあります。自分と似たライフスタイルの人が住みそうなマンションを選ぶのが良いでしょう。

それでも、どんな人が上下階や隣にくるかは神のみぞ知るですから、そのためにも、モデルルームでは音の対策や遮音性について、納得いくまで説明を求めたほうがいいと思います。

第8章のまとめ

□モデルルームではマンションの品質性能に関するチェックに重点を置く。

□品質性能に関するチェックは次の10項目で。
（1）耐震性など構造のチェック、（2）火災時の安全、（3）鉄筋など躯体の劣化に対する対応、（4）給排水管やガス管の維持管理・更新について、（5）省エネ対策、（6）建材の化学物質や換気のチェック、（7）窓の位置と大きさ、（8）遮音性、（9）バリアフリーへの配慮、（10）防犯への対応。

□品質性能は「社内基準」ではなく、国の「日本住宅性能表示基準」や日本建築学会の基準に照らしたものを出してもらう。

□界壁は180ミリメートル以上、スラブ厚は200ミリメートル以上に。

□床材の「床衝撃音」の性能レベルを確認する。

□フリープランは水回りの位置に注意する。

□どういう人たちが住むのか聞いてみる。

参考解説1

床衝撃音遮音性能をもう少し理解する

DATA

床全体の床衝撃音遮音性能は「L」「L_L」「L_H」で示される

ここで少し専門的な話に入ります。「床衝撃音」の大きさは、床にどんな衝撃を与えたかで、下の室内の空間で聞こえる程度が変わってしまいます。そこで、ある部屋の床の遮音性能をはかりたい場合、「軽量床衝撃音」をはかる「タッピングマシン」と「重量床衝撃音」をはかる「バングマシン」のそれぞれで上階の床をたたき、下階の室内の空間でどれくらいの大きさで音が聞こえるかをはかるのです。

このとき、聞こえる音が小さいほど、その床構造の遮音性能はいいので、数字が小さければ小さいほど高性能の床衝撃音遮音性能を持っている床である、ということになります。

前にもお話ししましたように、音は大きさだけでなく、周波数によっても聞こえ方が違いますから、周波数を加味した「L曲線」というものさしを用いて、「L値（エルち）」で遮音性能を表すようにしています。（195ページ参照）

したがって、床全体の遮音性能は「L-××」「L_H-××」「L_L-××」として表されます。

なお、「床衝撃音」には「軽量床衝撃音」と「重量床衝撃音」の2種類があるので、それぞれを区別して、次の2つの表記方法が用いられています。

①「軽量床衝撃音遮音性能：L-○○」、「重量床衝撃音遮音性能：L-△△」と断って表す

② Lに添え字を付けて「L_L-○○」「L_H-△△」と表す（L_L：軽量床衝撃音遮音性能、L_H：重量床衝撃音遮音性能）

どちらの方法でも区別できますが、添え字を付けて表したほうが簡単であることから、一般にはよく利用されています。

このL値で表現すると、どんな構造の床を選ぶかの基準は、「軽量床衝撃音」をとくに重視したければ「L_L-40」か「L_L-45」の床構造を選ぶのがいいでしょう。

この値は日本建築学会ですすめる「特級」「1級」にあたります（201ページ）。

また、「重量床衝撃音」をとくに防ぎたければ、日本建築学会では1級としている「L_H-50」以上のものがおすすめです。

いずれにしてもこれらの表記方法は、床構造全体の遮音性能の表し方です。

床材そのものの床衝撃音遮音性能はどう表す？

一方、今は床に貼る床材のみの遮音性能も表されています。しかし、よく考えてみれば、どんな躯体構造の床にその床材を貼るかで、下に聞こえる音の大きさは違ってくるはずです。

同じ性能の床材を貼っても、コンクリートが厚い床なら、下に聞こえる音は小さくなりますし、コンクリートの厚さが薄ければ、下に聞こえる音は大きくなります。

そこで、ある床材を150ミリメートルの厚さのコンクリートの上に施工した場合、どれくらいの音になるかを推定して表す方法で、床材そのものの遮音性能を表す方法が用いられています。

これは「推定L値」とよばれるもので、みなさんが床材を選ぶとき、「この床材はLL-40ですよ」とか「LH-50の床材ですよ」と説明されるのは、この「推定L値」

解説

床衝撃音遮音性能を測定・評価する方法を説明します。「床衝撃音」には「重量床衝撃音」と「軽量床衝撃音」があるので、遮音性能もその2種類で調べます。また、音の聞こえ方は周波数によっても異なりますから、周波数別に測定します。〈測定例1〉の折れ線は「重量床衝撃音」を周波数別にはかったもの、〈測定例2〉の折れ線が「軽量床衝撃音」を周波数別にはかったものです。

この測定値に、「L曲線」という床衝撃音の大きさの程度をはかるものさしを当てます。音の聞こえ方は周波数によって異なりますので、ものさしも図に示すような曲線になっています。

ものさしは音の大きさの程度別に、「L−30」「L−35」「L−40」というように5刻みの目盛りになっています。数字が大きくなるほど、音は大きく聞こえます。遮音性能の試験方法では、上階の床上を72 ページに示した装置を用い、一定した力で衝撃しますので、下の階の居室で大きな音が発生する、すなわち、Lの値が大きいほうが遮音性能は低いことになります。そして、遮音性能は、周波数別に見てもっとも大きな目盛りの値で決めることになっています。

たとえば図の例でいえば、〈測定例1〉では、「L曲線」のものさしで読むと、L値が大きくなるのは「L−55」に近いA点です。すなわちこの床の「重量床衝撃音」の遮音性能は「L−55」となります。同様に〈測定例2〉の場合を見ると、L値がもっとも大きいのはB点で「L−50」の曲線がもっとも近い値となりますので、この床の「軽量床衝撃音」の遮音性能は「L−50」となります。

「床衝撃音」の遮音性能のはかり方

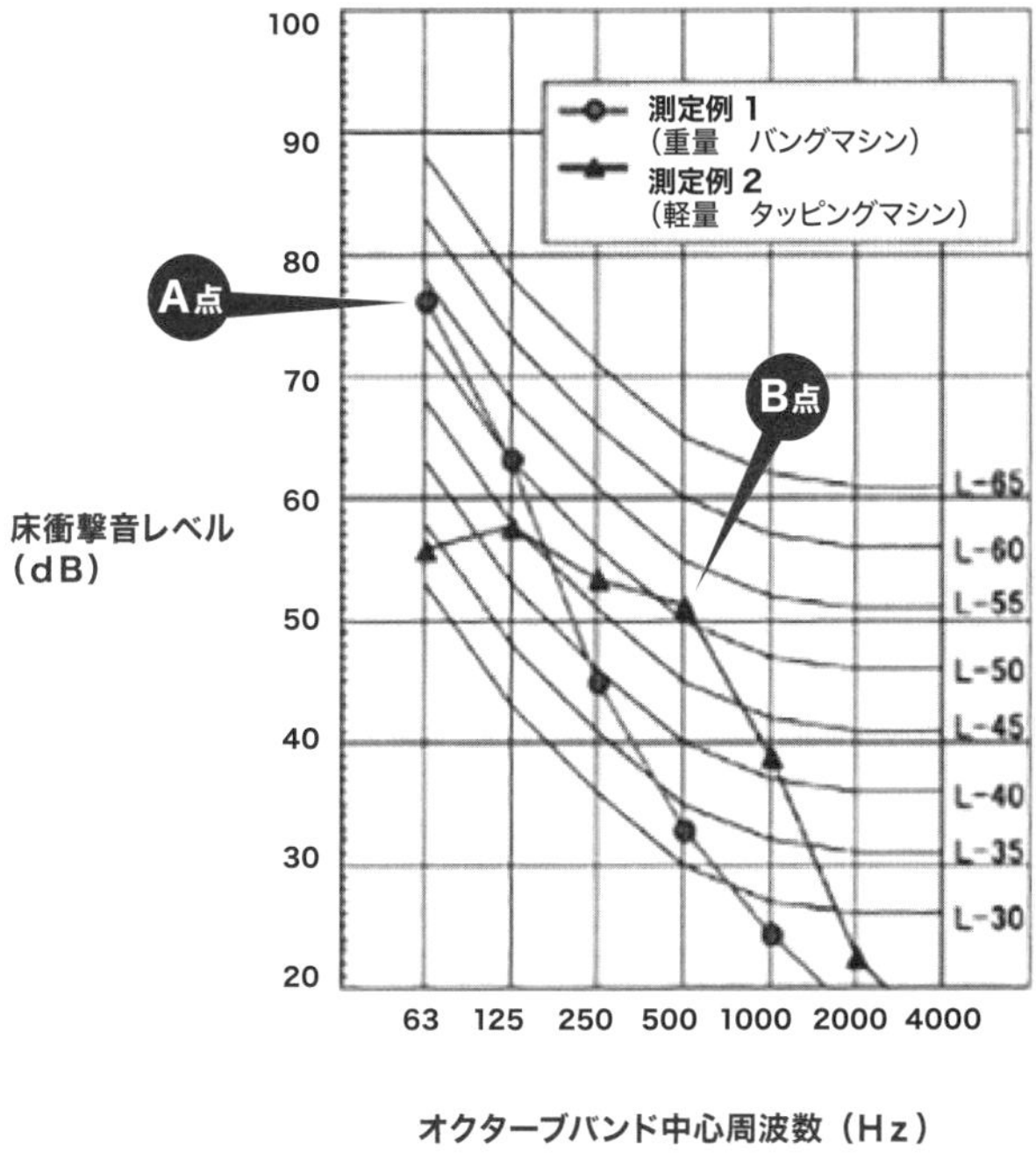

床衝撃音遮音性能の測定と評価の例

のことです。

しかし、わざわざ「推定L値」とはいわず、単に「LL値」「LH値」として表現される点が、誤解を招きやすいところとなっています。

言い換えれば、この表し方だと、床の構造全体の遮音性能（L値）と、床材のみの遮音性能（推定L値）が混同されてしまいます。「LL-40」の床材を貼ったから、下の部屋で聞こえる音はかなり小さいはずなのに、実際にはかってみたら、想像以上に大きかった…などというときは、床材のみのせいではなく、コンクリートの厚さが薄いなど、床の構造に原因がある場合もあります。

このように、床材自体の遮音性能を「L値」で表すと、誤解が生じてしまうので、今は「ΔL値（デルタエルチ）」という新しい値が使われるようになりました。これはその床材を使ったとき、床材によってどれくらい音が小さくなるのか、その低減量で製品の性能を示すものです。

これですと、数値が大きいほど遮音性能は高い床材ということになります。そして、「軽量床衝撃音」と「重量床衝撃音」のそれぞれについて、音の低減量を示し

空間の遮音性能と床材の遮音性能の表し方

表記方法	性能の内容	意味・表記例など
（床構造全体が対象）	床構造の床衝撃音遮音性能の表し方	L 等級による表現
L−○○	**床衝撃音遮音性能**	床衝撃音遮音性能の一般的な表記法。重量床衝撃音遮音性能も軽量床衝撃音遮音性能にも統一して用いる。空間性能を表現する。
L_L−○○	**軽量床衝撃音遮音性能**	衝撃源を軽量衝撃源としたときの床衝撃音遮音性能を区別して表すときに用いる表記方法。空間性能を表現する。
L_H−○○	**重量床衝撃音遮音性能**	衝撃源を重量衝撃源としたときの床衝撃音遮音性能を区別して表すときに用いる表記方法。これも空間性能を表現する。
（床材が対象）	床材の床衝撃音レベル低減性能の表し方	床躯体スラブが 150 ミリメートルの場合に推定される床衝撃音遮音性能として表すものであり、推定床衝撃音遮音性能ともいう。
LL−○○	**軽量床衝撃音低減性能**	L_L−○○の空間性能が推定される床材。
LH−○○	**重量床衝撃音低減性能**	L_H−○○の空間性能が推定される床材。
（床材が対象）	床材の床衝撃音レベル低減性能の表し方	床材による床衝撃音の低減量を周波数別に表された値により等級表現する方法。
ΔLL−△	**軽量床衝撃音レベル低減性能**	軽量床衝撃音レベル低減量のランクを表記（Δは 1～5ランクで表現）。
ΔLH−△	**重量床衝撃音レベル低減性能**	重量床衝撃音レベル低減量のランクを表記（Δは 1～4ランクで表現）。

た「ΔLL−△」、「ΔLH−○」と区別して表されています。

床材のカタログを見ると、「LL値（推定L値）」と「ΔLL値（低減性能）」の両方が示されているものも多くあります。両者の違いを理解して、選択を間違えないようにしていただきたいものです。

ちなみに「推定L値」と「ΔL値」の対応関係ですが、対象とする床のコンクリートの厚さにもよりますので、一概にはいえませんが、「軽量床衝撃音」の場合「LL−40」が「ΔLL−5」に、「LL−45」は「ΔLL−4」にほぼ対応するようです。

床材の床衝撃音遮音性能は「LL−40」か「LL−45」を選ぶ

少しややこしいですが、「L」とか「L」といわれた場合、それは床全体の遮音性能をいっているのか、床材だけの遮音性能をいっているのか、はたまた、「軽量床衝撃音」の場合か、「重量衝撃音」の場合か…を区別するようにしましょう。

まとめますと、床材の製品性能としては「LL−40」、または「ΔLL−5」のものを選んでおけば、「軽量床衝撃音」については無難ということになりそうです。

なおしつこいようですが、床材のみだと「重量床衝撃音」はほとんど小さくできませんので、床材の「LH値」はあまり意味をなさないと覚えておきましょう。

左の表は日本建築学会が提案する音に関する性能の等級を記したものです。

「特級」	高性能
「1級」	推薦する性能
「2級」	平均的な性能
「3級」	許容水準

等級数の小さいほうが遮音性能が高いのですが、価格も高くなります。それでも、**音のトラブルを防ぎたかったら、等級は1級の「L_L-45」以上の住戸を選ぶことをおすすめします**。

なお、等級数の見方ですが、「軽量床衝撃音」と「重量床衝撃音」の性能でそれぞれの数値が少し異なっています。「軽量床衝撃音」は「L_L-45」が1級ですが、「重量床衝撃音」は「L_H-50」が1級となります。

解説

音の静かさに対する評価は2種類の方法が用いられています。

1つは、室内に聞こえる音の程度によって表現する方法で、これは直接的な評価方法でわかりやすいでしょう。大きな音であれば、音の静かさの評価（性能）は低いということになり、音が小さければ性能が高いということになります。この方法は、表中の「外部騒音」や「内部騒音」の部分で、N-35という表現、35dBAという表示などが用いられています。

もう一つの方法は、「空気音」や「床衝撃音」の部分に書かれているような方法で、音がどの程度遮音されるかを判断基準にする方法です。「空気音」の場合は、D-50のように表す方法を用います。簡単にいえば壁によって50dBA遮音できることを意味し、数値が大きいほうが遮音する能力が高い壁構造となります。また、「床衝撃音」の場合は、床を衝撃する衝撃源が規定されていますので、衝撃する力が一定となることから、直下の室内に発生する音は小さくなるほうが床構造の遮音能力が高くなります。つまり、表中に示してある L-55よりはL-50の床のほうが性能の良い床となるのです。

また、各性能（等級）に対する聞こえ方の表現は、平均的・標準的な生活時における透過音や発生音に対する判断を客観的に行った場合の表現で、学会の提案している聞こえ方の表現と考えてください。そのため、とくに音に敏感な方の場合にはもっと厳しい表現となる場合もあります。また、逆の場合も当然あります。

日本建築学会が提案する遮音等級と音の聞こえ方との関係

	適用等級	特級(高性能)	1級(推奨)	2級(平均)	3級(許容)	備考
空気音	遮音性能	D-55	D−50	D−45	D−40	
	ピアノ、ステレオなどの大きい音	かすかに聞こえる	小さく聞こえる	かなり聞こえる	曲がはっきりわかる	音源から1mで90dBA想定
	テレビ、ラジオ、会話などの一般の発生音	通常では聞こえない	ほとんど聞こえない	かすかに聞こえる	小さく聞こえる	音源から1mで75dBA想定
床衝撃音	遮音性能	L_H−45 L_L−40	L_H−50 L_L−45	L_H−55 L_L−55	L_H−60 L_L−60	
	人の走り回り、飛び跳ねなど	聞こえるが、意識することはあまりない	小さく聞こえる	聞こえる	よく聞こえる	低音域の音、重量・柔衝撃音源
	ものの落下音、椅子の移動音など	ほとんど聞こえない	小さく聞こえる	発生音が気になる	発生音がかなり気になる	高音域の音、軽量・硬衝撃音源
外部騒音	騒音等級		N−35 (35dBA)	N−40 (40dBA)	N−45 (45dBA)	
	道路騒音などの不規則変動音		ひじょうに小さく聞こえる	小さく聞こえる	聞こえるがほとんど気にならない	道路騒音など
	工場などの定常的な騒音		小さく聞こえる	聞こえる	多少大きく聞こえる	工場騒音など
内部騒音	騒音等級		N−35 (35dBA)	N−40 (40dBA)	N−45 (45dBA)	
	自室内の機器騒音		小さく聞こえる	聞こえる、会話には支障なし	多少大きく聞こえるが通常の会話は十分可能	空調騒音、給排水音など
	共用設備からの騒音		聞こえる	多少大きく聞こえる	大きく聞こえ、気になる	エレベーター、ポンプなど

注)「適用等級」は集合住宅を対象とした場合
出所『建築物の遮音性能基準と設計指針』日本建築学会編集（技報堂出版）をもとに作成

それぞれの家庭の要望に応じて、住戸を選ぶのがいいでしょう。たとえばリフォーム時、床材を選ぶ場合、キッチンやリビングではものを落とすことが多いので、「軽量床衝撃音」に注意して、「L_L値」の小さいものを選べば、音はかなり防げます。また、小さい子どもがいる家は、走り回る音など「重量床衝撃音」が多くなると考えられますので、「L_H値」が小さいものを選ぶべきです。

またマンション販売業者によっては、一般の方に説明するときに、「LL値」を床そのものの遮音性能である「L値」として伝え、さらには「重量床衝撃音」も同じ「L値」で間違って伝えているケースが多々あります。

なぜなら「重量床衝撃音」を防ぐには床材ではほぼ無理なので、最初から「軽量衝撃音」の「L_L値」でしか性能検査をしていないメーカーもあるからです。よって床全体の遮音性能（L_L、L_H）と床材の遮音性能（LL、LH、ΔLL、ΔLH）との違いを理解して、ぜひ「軽量床衝撃音」と「重量床衝撃音」の遮音性能の区別はしっかり認識して、選ぶようにしてください。

参考解説2

遮音性能基準の目安になるのが建築基準法第30条

第30条では共同住宅の界壁（隣戸との境の壁）について「その構造が遮音性能に関して政令で定める技術的基準に適合するもので、国土交通大臣が定めた構造方法を用いるもの又は国土交通大臣の認定を受けたもの」としており、「政令で定める技術的基準」は、建築基準法施行令第22条の3に表が掲げられています。

内容は専門的になりますが、要するに、高い音、低い音といった周波数の種類によって、どれくらい音を遮断する能力（これを「透過損失」といいます）を持つ壁としなければならないかを基準として規定したものです。

建物を建てるときは、確認申請時に基準を満足しているかどうかがチェックされますので、すべての共同住宅は基準を満たしているはずです。

ただし、この基準はかなりゆるいので、これとは別に日本建築学会で、もれる音がある一定以上にならないようにしようという、推奨値を示しています。その値は、建築基準法の値より10dBほど高い性能としています。

ただし、建築基準法と日本建築学会の遮音基準では数値の意味が異なりますので注意してください。一般的には、ほぼ同様な性能値と考えても大きな誤りにはなりませんが。

一方、裁判における「受忍限度」の判断においては、先の法的規制値も考慮されるとは思いますが、具体的な透過音や発生音の大きさ（侵害の程度）、侵害のありさま、侵害の継続性、対策の有無、地域環境、その他の事情など、いろいろな項目によって総合的に判断されているのが実情のようです。

おわりに

私は長年建築物の音や振動にかかわる研究をしてきましたが、とくに重点を置いた研究テーマは、集合住宅における「床衝撃音遮音性能の予測と対策」「音に対する居住者反応・意識」です。

なぜそこに重きを置いたのかというと、私たちにとってマンションが建築の中でももっとも身近な存在であることと、音の遮断に対して建築構造的に厳しい条件に置かれているからです。

マンションにおける「音に対する居住者反応」は、住戸内で生活する私たちが長期にわたる生活の中で実感するもので、その評価こそが、そもそも住空間の性能を表す基本とされなければなりません。マンションの主人公は「居住者」ですから、居住者が「満足する」構造、仕様を実現するとともに「音の程度や遮音性能の評価の方法」を具体化しなければなりません。

住空間の快適性を左右する要因には「暑さ、寒さ」「空気の質」「明るさ、暗さ」「部屋の色彩」「静かさ」など多くのものがあります。それらに対して「長期にわたって住み続け、評価した結果」が、その住戸の住みやすさということになります。

日本のマンションは「暑さ、寒さ」や「空気の質」「明るさ、暗さ」については技術的に多くの部分を改良してきました。また「部屋の色彩」においても、さまざまな建材が住む人の好みによって選択できるようになっています。しかし、「静かさ」においては、いまだ解決できない問題が多く残っています。

やっかいなのは、音の問題が感覚的な部分とも関係し、住む人の置かれた立場や環境で異なってくる点です。たとえば、上階に住む家族の歩行時の音やトイレ使用時の音、建具を開閉する音など、通常の生活行為に伴う音でも、隣接する住戸の住人が置かれた立場によって、大問題に発展してしまうケースもあります。

これだけ多くのマンションが建築され続けているのに、いまだ快適さにほど遠い音の問題について、本書でできるかぎりは解決の糸口を示したつもりです。しかし、まだ力足らずです。

本書が少しでも音のトラブルの発生を未然に防止し、問題発生時の早期解決に対して有効に利用され、快適なマンション生活の一助になってくれれば幸いです。

凩《こがらし》の音にα波の発生を感じる夜に

井上勝夫

著者紹介

井上勝夫（いのうえ・かつお）

日本大学名誉教授。工学博士。一級建築士。日本建築学会理事、同関東支部長、同環境工学委員会委員長、環境振動運営委員会委員長、日本音響学会評議員、日本騒音制御工学会理事などを歴任。現在、日本音響材料協会理事。

1950 年埼玉県生まれ。日本大学大学院理工学研究科建築学専攻修了。日本大学理工学部専任講師、同助教授を経て、1999 年より同大学教授。2020 年日本大学名誉教授。

専門は建築環境工学の音・振動環境学。重量衝撃源に対する床衝撃音の予測法と低減方法に関する研究で 1989 年日本建築学会奨励賞、住宅床の床衝撃音と歩行感に関する一連の研究で 2000 年日本建築学会賞を受賞。

日本工業規格（現 日本産業規格）JIS の規格制定・改訂に数多く関わるほか、20 年以上にわたり多くの公的機関で専門家として紛争解決に関わる。住宅関連の音・振動環境の対策や研究の第一人者であり、専門家としてテレビ出演や新聞、雑誌の執筆も多数行っている。

おもな編著に『集合住宅のリフォームと音』（日本音響材料協会）、『建築紛争ハンドブック』（丸善出版）、『建物の床衝撃音防止設計』（技報堂出版）など、学会の基準となる本を多数出版。現在、防災住宅の設計や住宅の音に関する紛争予防と早期解決、居住者反応と満足度の評価に関する研究等に従事。


マンションの「音《おと》のトラブル」を解決《かいけつ》する本《ほん》　〈検印省略〉

2021年　1 月 30 日　第 1 刷発行
2021年 12 月　4 日　第 3 刷発行

著　者――井上 勝夫（いのうえ・かつお）
発行者――佐藤 和夫

発行所――株式会社あさ出版
〒171-0022 東京都豊島区南池袋 2-9-9 第一池袋ホワイトビル 6F
電　話　03 (3983) 3225（販売）
　　　　03 (3983) 3227（編集）
F A X　03 (3983) 3226
U R L　http://www.asa21.com/
E-mail　info@asa21.com

印刷・製本　美研プリンティング（株）

note　http://note.com/asapublishing/
facebook　http://www.facebook.com/asapublishing
twitter　http://twitter.com/asapublishing

Katsuo Inoue 2021 Printed in Japan
ISBN978-4-86667-258-8 C2034